JN142539

リニアモーターカーへの挑戦

長池 透

今日の話題社

HSST 実験１号機。テストサイトにて（「鉄道ピクトリアル」1976 年 10 月号）

HSST　実験２号機

さいたま博にて

HSST-200　みなとみらい博

みなとみらい博にて

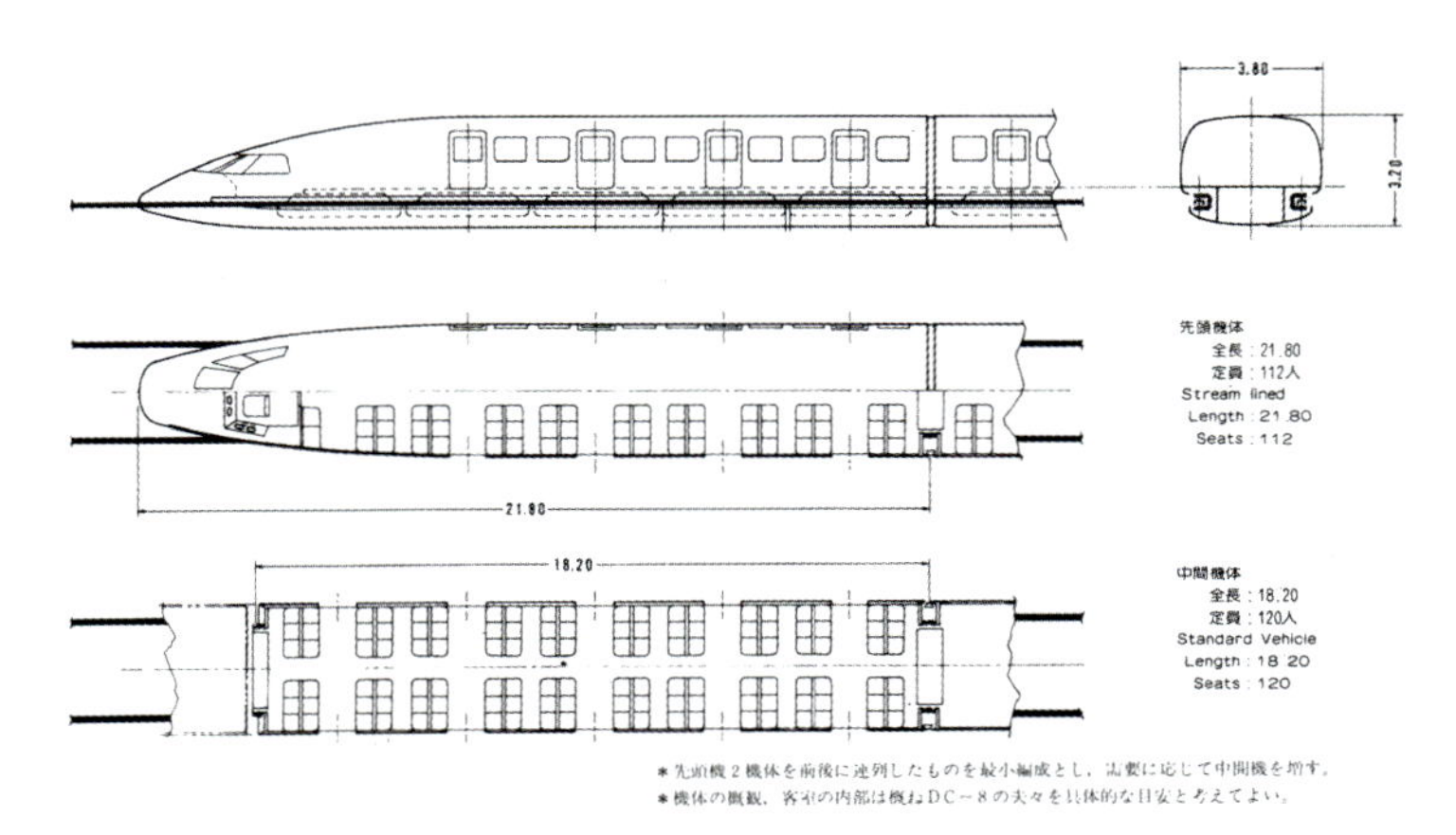

HSST の将来構想図。開発始動当初から車体のコンセプトは中型旅客機 DC-8 を先行モデルとしていた。車体を機体と呼称していることにも表れているように、いわば「走る飛行機」である。ただしこれは実際には製作されなかった。

日本航空の元理事で、リニアモーターカーの生みの親である亡き中村信二氏に、
そして夢の実現に努力した素晴らしい仲間たちに捧ぐ

はじめに

リニアモーターカーへの挑戦も、新しいことを始めようとした時に起こる周囲からの反対や妨害が多いように、それを克服して完成させるまでには、相当の年月を要した。

この新しい技術は、車輪のない電車が軌道の上約一センチの上に浮いて走るというこれまでになかった新しい乗り物である。

当時、この開発にはイギリス、ドイツ、フランスなどがしのぎを削っていたし、日本でも国鉄や重電メーカー数社が取り組んでいた。

その中に一人の天才技術者中村信二（国産航空機ＹＳ—11の整備基準書をまとめ上げた）をリーダーとする日本航空の技術者たちがあった。

周囲の反対を押しのけて着実に実用化のための努力を続け、一九九一年に公共交通機関として運輸省からのお墨付きをいただくまでに、実に十六年の歳月が流れた。

この間、何度か開発中止の危機があったが、それを乗り越えて、技術者たちは社内外からの冷たい目にも耐えて、劣悪な環境の中で、黙々と開発を続けてきたのであった。開発に反対する人も多かったが、一方、新技術の完成に力を貸してくださった方も多かった。こういう方々の援助で、リニアモーターカーの完成に繋がったのである。

そして長い年月はかかったが、一九九一年三月、横浜市で開催された「みなとみらい21」博覧会でやっと陽の目を見たのであった。

新技術の開発というのは、単に純技術を完成させるだけではなくて、実用化するには役所や関連する部門との調整など、多くの事柄が発生する。

私がこの開発に関わり、プロジェクトの技術関連担当としてあるいは技術企画部長として、役所、建設会社、鉄鋼メーカー、電機メーカー、またはコンサルタント会社との調整業務、あるいは各地のプロジェクトの計画作成などを通して眺めた、開発にまつわるあれこれについて、書き記してみた。

なお、文中、敬称はすべて省略させて頂いた。ご了承を乞う。

リニアモーターカーへの挑戦　目次

はじめに　2

第1章　開発のはじまり

本邦初、公開リニアモーターカーの試走　10
当時の各国の浮上式乗り物開発状況　14
成田新空港の開設と航空旅客の急増　15
開発の始まり　21
基本技術の開発　34
実験一号機の製作　39
東扇島物語　47
ＨＳＳＴ二号機の製作　62
スウェーデン国王・王妃の来駕　66
西澤潤一博士との出会い　74
技術懇談会　77
御前会議　90

雪対策 99
アメリカ四方山話 103
ＮＳドキュメント 110
通産省補助金と運輸省 119
運輸省の調査委託研究 123
開発補助金三億円 147
東扇島異変 150
冬の季節 153

第2章　実用型への進展

ブルガリア・プロジェクト 164
関西新空港建設計画案の検証 170
ＨＳＳＴプロジェクトへの復帰 178
筑波万博 182
バンクーバー博 184
中国プロジェクト 188

さいたま博　203
ラスベガス　207
「みなとみらい21」横浜博覧会　216
故高木社長のこと　238
モスクワ・プロジェクト　241
HSST社のその後の推移　245
おわりに　250
巻末資料　255

カバー写真提供　大佐古晃氏

リニアモーターカーへの挑戦

第1章　開発のはじまり

本邦初、リニアモーターカーの公開試走

昭和五十年（一九七五）十二月二十二日の晴れ渡った朝を迎えた。

ここは、横浜市金沢区にある日本飛行機株式会社の敷地内に敷設された約二〇〇メートルの軌道のところである。覆（おお）いをはずされ、格納庫から引き出された実験一号機はその姿を観衆の前に現した。

開発関係者のほか、多くの報道関係者、それに招待された地元の児童たちなど多くの人たちが、固唾（かたず）をのんで見守る中、このプロジェクトのリーダーである技師長中村信二がゆっくりと機体に乗り込んだ。その傍には、アシスタントとして、高橋道夫が同乗した。

実験機は長さ約四メートルで、厚みの薄い流線型のボディーである。

電源のスイッチが入れられ、機体は軌道の上にゆっくりと浮き上がった。

といっても浮き上がったのは僅か一センチである。よほど気をつけて見ていないと、浮いたかどうかわからない高さである。

上半身を機上に現して乗っている中村は普段通りの静かな感じではあったが、やや緊張

ＨＳＳＴ実験１号機

した面ものように見受けられた。

そして集電線をブラシが滑るかすかな音だけがして、滑るように走り出した。飛行機屋の感覚でいえば、軌道の上一センチのところをすーっと滑空したのである。

軌道の上に約一センチ程浮いて走るリニアモーターカーは、超低温の状態で走るリニアモーターカーとは全く違う方式のものである。

この瞬間、観衆の中に「おっ」というどよめきが起こった。

日本で初めて普通の状態で、電磁石の力で機体を浮かせ、リニアモーターで走らせることができた記念すべき瞬間であった。

走り出した機体のそばを、突然、ＪＡＬ総合開発委員会事務局次長林章が観衆の中から走り出した。

それにつられて幾人かの人が走り出した。見に来ていた子供たちも走り出した。

先頭を切ったのは、林章である。彼はこのプロジェクトを企画し、ここまで持ち上げてきた推進者である。夢が実現できて嬉しくなったのであろう。

軌道の長さが二〇〇メートル弱で、スピードが時速二〇キロ位とゆっくりなので一緒に走れたのである。軌道の端の方まで行って止まり、そのままの姿勢で今度は後ろ向きに走り、元の位置に戻った。

この後、観客に機体のすぐそばにきてもらい、浮き上がる状態を何度か見てもらったり、見に来ていた子供たちの中から選ばれた子供が、この機体に乗って、初めての浮上走行を体験した。

これが本邦初のリニアモーターカーの公開走行実験の情景であった。

これにはエイチ・エス・エス・ティ（ＨＳＳＴ後述）と舌を噛みそうな名前が付いているが、常温の状態で、電磁石が鉄に吸い付く力を利用して機体を浮かせ、リニアモーターを使って走らせる仕組みになっている、これまでになかった地上交通機関のハシリなのである。車輪を無くして、機体（車体）を浮かせて走れる画期的な交通システムなのである。

現在、私たちが普段利用している電車は、車輪で地上にある軌道の上を走る乗り物である。この仕組みではなくて、車体を空中に浮かせて走らせることができたら車輪による摩擦音が無くなり、騒音の少ない乗り物になる。

ただし、そのためには車体を浮かせる技術と回転型モーターに代わる新しい推進力が必要になる。

この二つの技術を組み合わせると、軌道から浮いて走る電車ができる。

当時の各国の浮上式乗り物開発状況

このアイデアが一九七〇年代から世界中で研究され始めた。世界中で浮上式交通機関の開発競争が始まったのである。

フランスではアエロトラン社が空気浮上・プロペラ推進（後ではジェット噴射）システムの研究を始めた。

西ドイツではメッサーシュミット・ブロコウ社やクラウスマッファイ社が開発を始めていた。前者は第二次世界大戦中、しゃれた水冷式戦闘機で有名な会社であり、後者は戦車などを作っている会社である。

この他、エルランゲンではシーメンス社が日本の国鉄と同じ超電導を使った巨大な円形軌道を使って実験を行っていた。ただし同社の場合は推進用のモーターは誘導モーターを使っていた。

イギリスでは、サセックス大学で研究をしていた。

このような世界各国の開発競争の中に日本航空も参入したのであった。

成田新空港の開設と航空旅客の急増

その前提となったのは成田新空港の開設であった。

世の中の進歩、発展というものは、時として突然の変革をもたらすことがある。中世の産業革命でもそういうことが起きた。

同じように、航空業界でもプロペラ機からジェット機へ、そして通称ジャンボ機と呼ばれる超大型機・ボーイングＢ７４７機の出現であった。この飛行機は一度に五百人もの旅客を運べる大きさであった。

この背景にあるのは、航空旅客の急増であった。地上輸送でも似たような現象が起こり、日本では新幹線の増設が相次いだ。

航空業界ではこれに対応できるように、色々な対策を講じていた。日本航空でもパイロットを年間約百名ほど、養成する必要が生じた。同じように航空機の整備要員も大量に採用する必要があった。

そのため、運航本部ではパイロットの自社養成することを決めた。しかし、日本では、このような大量のパイロットを養成するため空域や空港はなかった。それでアメリカのカリフォルニア州ナパ市の空港にパイロットトレーニングセンターを創設することになった。当時、私は整備本部管理部管理第一課で、技術系整備要員の計画や採用を担当していたが、運航本部と同じように整備要員を大量採用することになった。このことが落着した頃、今度は運航本部に異動になった。そしてナパのトレーニングセンターの開設準備委員になった。

この訓練所ができて、約三年程経った頃、今度は総合開発委員会事務局に異動になった。この頃は、成田空港のアクセスが問題になっていた頃である。成田空港は都心から約七〇キロと遠いので、在来線を利用しても約二時間ぐらいはかかり、京成電鉄の輸送能力にも限界があった。その補完はバス輸送に頼る状況であった。

同委員会事務局次長の林章がヨーロッパで盛んに開発されていた新交通システムのうち、浮上する乗り物の導入に取りくみ、各国の開発状況から磁気浮上システムを候補に選んだ。林は、空港アクセスとしては、所要時間が三十分以内が望ましいと考え、それには高速で走れる磁気浮上リニアモーターカーが適当であると結論づけたようであった。

地上の乗り物から車輪を無くせたら素晴らしい乗り物になるのではないかという発想は、これまでにないものであった。

なぜこのような考えが出たかというと、それは車輪のある乗り物が、大きな音と振動を発生するからである。

静かな乗り物、軌道の周囲に、地響きとか、振動、それに車が走るときの五月蝿さといったものの無い乗り物はできないのか、といった社会のニーズを満たしたいという話から始まったのではないかと思われる。

それに加えて、このような条件の下で、もっと速い地上の乗り物はできないかということでもあった。今までのやり方で、速い乗り物を作れば、騒音や地響きなど、周りに与える影響はさらに大きくなるが、それは御免である。新しい乗り物は、環境への悪影響のないものが望ましかったのであった。

このような発想を基にすると、車輪のない乗り物は、社会のニーズに応えられるのである。

それで、各国で車輪のない乗り物の開発に力を注ぎ始めたのであった。

このような状況にあったころ、私は同委員会事務局に、赴任した。ここでは、磁気浮上というのは一体何であるかということから始まった。

磁気浮上方式には二つあって、一つのやり方は、超伝導磁石による反発浮上方式である。この方式は、我が国の国鉄をはじめ、西ドイツなどで、大分以前から開発が進められていた。

磁石のN極とN極とを向かい合わせると、反発する力が働く。S極とS極とを向かい合わせても、同じである。もう一つは、磁石は鉄などの強磁性体には吸い付くという性質である。この実験は小学校でも教える理科の基本的な実験であるから、たいていの人はよく知っている。

この前者の原理を応用して、車体を浮かそうというのが、反発浮上方式である。ただし、この方式で車体を浮かそうとすると、ある程度の速度になるまでは、十分に浮かないので、低速時には車輪を必要とする。浮き上がる速度に達すると、高速では一〇センチ~二〇センチぐらいは浮き上がるので、浮上力としては高い数値が得られる。

この方式を使って、車体を浮かそうとすると、非常に強い磁石が必要になる。その磁石を作るのに、超伝導というやり方になる。

この超伝導という状態を作り出すためには、まず、超低温状態を作り出さなければならないのである。超低温というのは、摂氏マイナス二七〇度近辺の非常に低い温度にしなければならない。そのためには、液体ヘリウムが必要になる。

当時は、この液体ヘリウムは日本では手に入れることができず、アメリカからの輸入に頼っていた。もう一つの難点は、この液体ヘリウムを超低温に保つためには、かなりの電力を必要とした。最近は超低温技術や、素材が開発されて、当時ほどの困難性は少なくなったようである。

最近のＪＲの公開実験では、摂氏マイナス二〇〇度近辺で超電導状態を創り出すことができるようであるので、かなり改善されていることになる。


同じく、磁石で浮上させるのに、もう一つのやり方がある。

常電導吸引式磁気浮上方式というのがそれである。これは常温の状態で、磁石を鉄に近づけると、吸引力が働く。この原理を利用したのが、もう一つの磁気浮上である。

一九六〇年代の後半、西ドイツのＭＢＢ社とクラウスマッファイ社が、同じ頃、この方式の開発に着手した。

一九七五年には、ＭＢＢの製作したコメットは浮上用の電磁石と横方向制御用の電磁石は別にしたやり方で、車体を浮かせ、ロケット推進で、時速四〇一キロを記録した。

一九七七年にはクラウスマッファイ社の製作したトランスラピッド—04は、同じく常電導であるが、逆U字型レールを使い、浮上と横方向の制御（案内）を一つの電磁石で済ますというやり方で、開発をしていた。そして、リニアモーター推進で時速二五三キロを記録している。

開発の始まり

これらの方式を比較した上で、日本航空は吸引式磁気浮上でリニアモーターを推進に使う方式を選んだのであった。

ただし、浮上方式はクラウスマッファイ社と同じであったが、リニアモーターの方式はこれらと異なる方法を選んだ。

なお、クラウスマッファイ社は、後に逆U字型レールを放棄して別のやり方に変えた。


この常電導というのは、常温の状態つまり普段私たちが生活している気温の状態のままで使うことのできる電磁石の力を利用してものを浮かすやり方である。

電磁石というのは、コイルに電気を流すと、鉄などに吸い付く力が発生する。その力を利用するのであるが、鉄に吸い付く力がどうしてものを浮かすことができるのか？

一見不思議であるが、これはコロンブスの卵のようなものである。

聞いてしまえば、なんだそんなことかになるのだが、知識がなければ、「何で吸い付

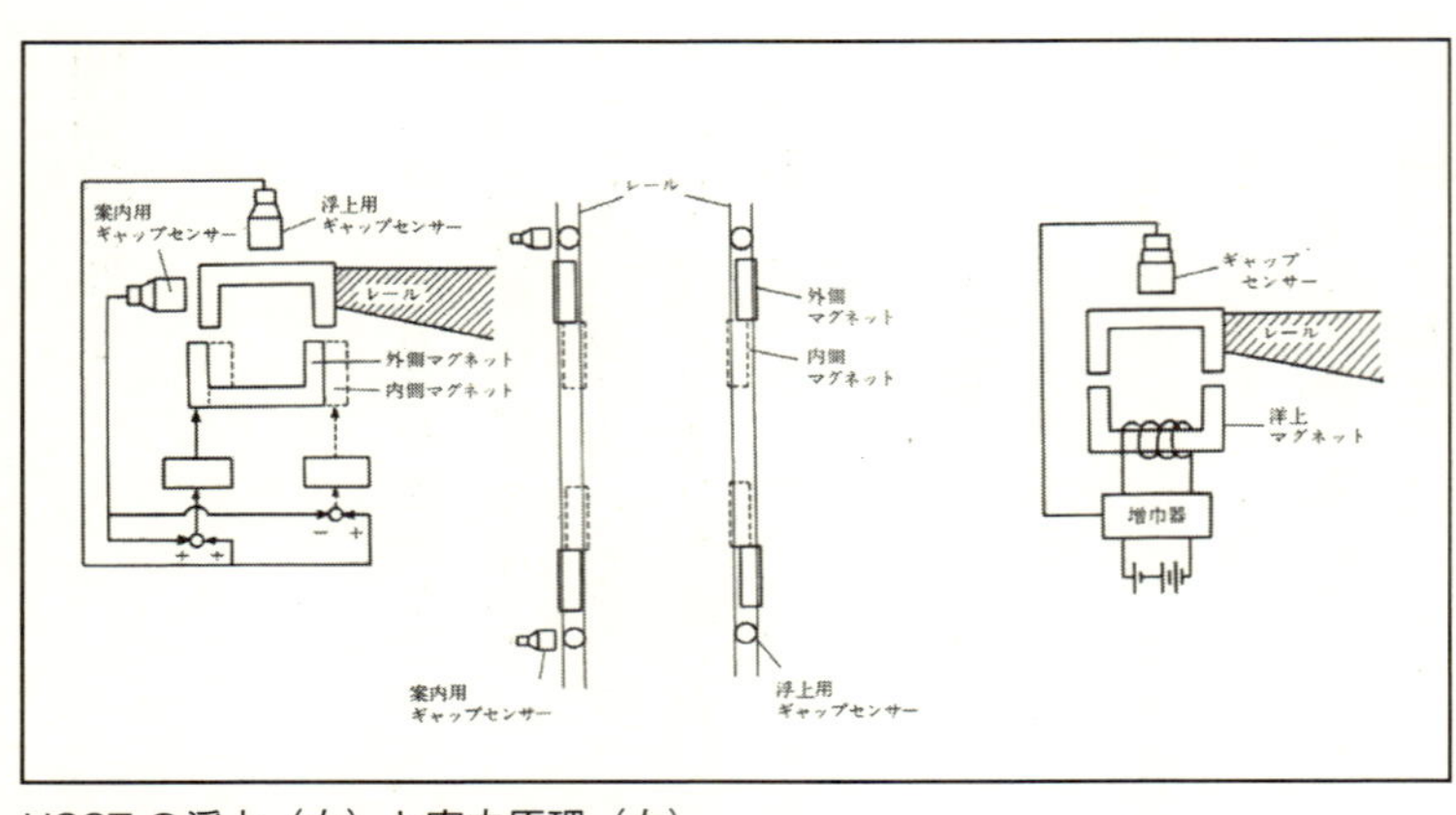

HSSTの浮上（右）と案内原理（左）

く力が反発力みたいに、ものが浮かせるの？」という疑問が湧いてくる。

この種明かしは簡単である。鉄のレールの下側から電磁石を上の方へ向けて近づけるのである。

この時、物体から腕を伸ばして電磁石を取り付け、その腕で鉄のレールを抱きかかえるような構造にしておくと、電磁石がレールに吸い付くので、電磁石と一体になっている車体は自然にレールの上に浮く仕掛けになるのだ。

要するに鉄に対して電磁石が吸い付こうとする力で車体を下から上へ持ち上げるのである。車体の重さと電磁石に発生する力が同じであれば、バランスして車体が宙に浮く。車体の重さと電磁石の力とが同じになるように調節できれば、車体は浮き続けることができるのである。

これが吸い付く力で車体を浮かすという仕掛けの種

明かしである。

常電導磁気浮上というやり方で、車体を浮かすことができるのは、こういう原理であるが、実際に使うには、いろいろな仕掛けが必要となる。

私にとっても、磁気浮上というやり方は、初めて聞く話なので、中村に質問することから始まった。

「中村さん。電磁石で車体を浮かす話は分かりましたが、浮かせるだけでは、横にフラフラ揺れるのを、どうして抑えるのですか？」

「そりゃあ、浮かせるだけでは駄目だよ。車輪がないので、浮いてる車体は横ぶれを防げないから、それを防ぐ装置がいります」

「やはり電磁石でやるのですか？」

「そうです」

「浮かすのと別にもう一つ電磁石を使うのですか？」

「原理的にはそうだけど、ＨＳＳＴの場合は、軌道の鉄レールの形を工夫して、浮かす電磁石で、ついでに横方向のふらつきもなくしてしまうのさ。図で判るように、断面が逆U字型レールに、電磁石が向かい合いますと、電磁石に発生する吸い付く力（吸引力）は、

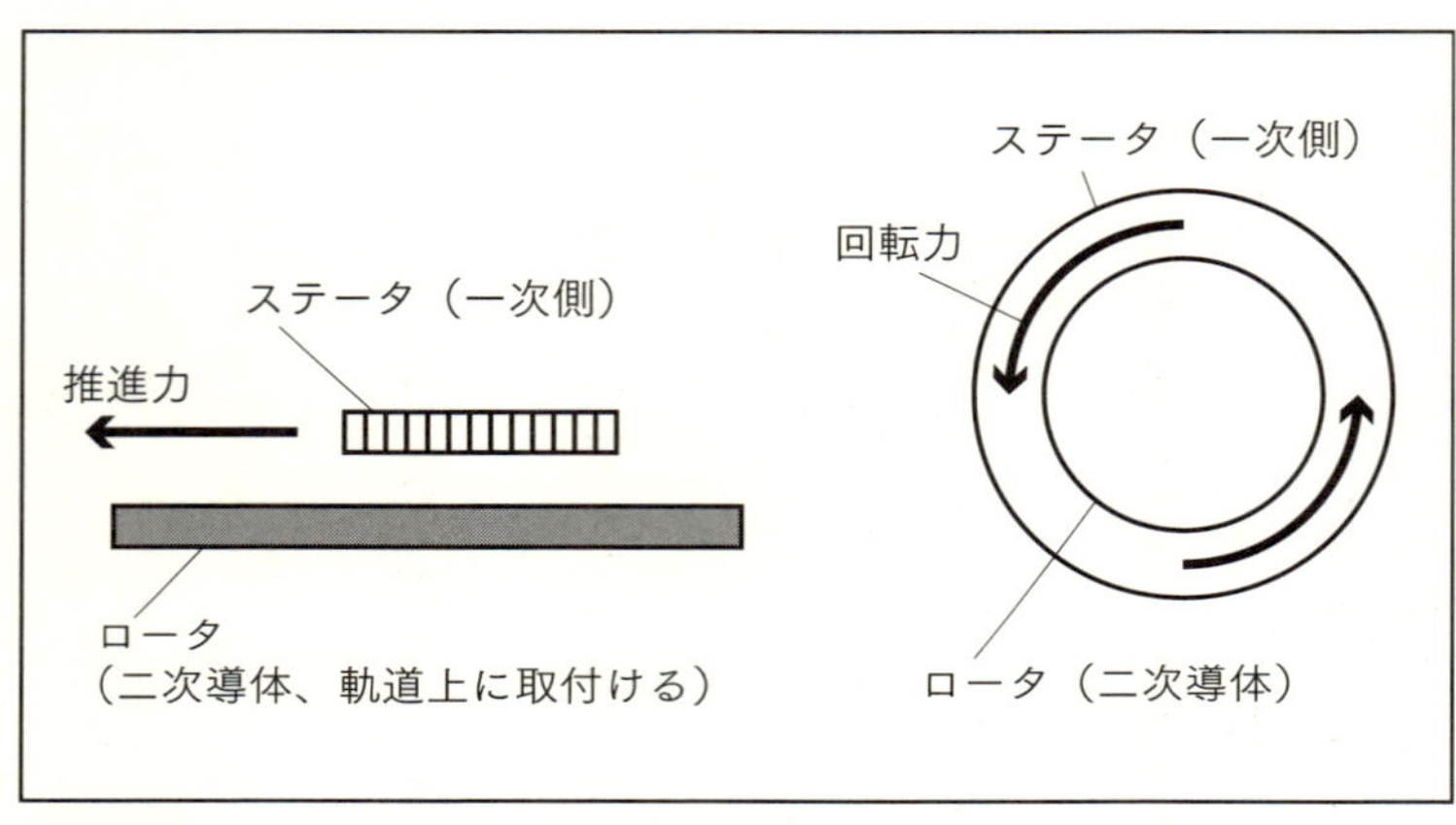

回転型モーター（右）とリニア型モーター（左）の違い

鉄レールの狭い下面に集中します。もし電磁石が少しでもレールからずれると、吸い付く力が増加して、元の位置の戻ろうとします。この戻ろうとする力を利用して、横方向のずれを直してやるのです。この仕組みは、電磁石を少しずらして取り付けることによって復元力を強めるもので、スタガーアレンジメントといいます。また、鉄レールと電磁石との狭い隙間（ギャップ）を微妙に調整するのには、ギャップセンサーを使います。これを使って、車体の重さの変化に応じて、磁石の力を強くしたり、弱くしたりするのです」

「それから、この電車を走らせるのには、リニアモーターという新しいモーターを使います。この電車には車輪がありませんから、回転型のモーターでは、役に立ちません。ではどうするかというと、回転型モーターを平べったく延ばした形のモーターを使います。そう言われてもイメージが湧かないでしょうから、図で示します」

車体を浮かす方法と、どうして走らせるかという技術的な話のアウトラインは、こんなところであった。

さて、林を団長として、中村や技術者たちとクラウスマッファイ社の走行テストの視察に行った時のことである。このクラウスマッファイ社のあるミュンヘンは、ドイツの南部バイエルン地方の中心になっている都市である。同社との打ち合わせが終わった後、ビアホールに出かけた。

日本では、札幌・ミュンヘン・ミルウォーキーと言われるように、同じ緯度のところにある都市である。

ここはビールの本場として名高いところで、ビアホールがいくつもある。その中でも一番大きなビアホールへ行った。ここには、舞台がしつらえてあり、色々なショーを見せてくれる。人気があるのは、大きなホルンが吹き鳴らされ、よく通る裏声で歌われるヨーデルである。このショーが始まる頃は、ホール全体がお客の笑い声と、話し声で沸き立っている。

ドイツ人はビールが大好きで、大抵の人は大ジョッキで何倍も飲む。ここのウェイトレスは、この大ジョッキを一度に六個ぐらいは平気で運んでいる。

ビールを飲むとき食べるのは、ソーセージが多い。ソーセージも日本と違って、何十種類もあるが、ここに駐在している人が教えてくれたのは、白いソーセージである。この味が日本人には好まれると言っていた。

この他には、ジャガイモ料理、キャベツの酢漬けもある。もう一つ、豚の足も有名であるが、指のところがそのままの形で出てくるので、中には見たとたんギョッとする人もいる。一緒に行った技術者の中に、一人、この料理が食べられなかった人がいた。隣のテーブルのドイツ婦人にあげたら、こんなに美味しいものを頂いてと、大変喜んでいた。

ドイツはまたワインでも有名である。特にモーゼルの白ワインは有名で、その中でも貴腐ワインの上品な甘さは世界でも好まれている。

ドイツで有名なものがもう一つある。それはライン河下りである。両岸に幾つもの古城があり、それを船の上から眺めながら、川を下ってゆくのは気分がよい。歌で有名なローレライの岩も見ることができる。仕事とは別に何度か、私はドイツを訪れているが、一度、下流から上流の方へ向かう観光船に乗ったことがあった。この方が流れに逆らってゆくので、船のスピードが遅くなり、その分ゆっくりと景色が楽しめた。観光コースによっては、この古城の一つに一休みして昼食を楽しみ、古城のしっとりとした雰囲気を味わうことができる。

その他、ミュンヘンから少し離れているが、アルトハイデルベルグがある。私は別の機会に訪れたことがあるが、ここにある古城はその昔、若き王子たちの勉学の場でもあった。日本でも有名な城である。行ってみると、古い扉のそこかしこに若者たちの落書きの痕がそのまま残っている。

たまたま、クラウスマッファイ社との話が長引いて日曜を挟むことになったので、その日、中村はここへ行きたいという希望であった。この辺りの地理に詳しい林が調べてみると、早朝出発すれば夜には戻れることがわかり、中村は同行を希望した山村喜一郎と一緒に出掛けた。中村は一度ここへ行ってみたかったと言い、嬉しそうであった。クラウスマッファイ社の都合が、彼らには幸いしたのであった。

中村の才能には限界がないようで、航空工学が専門であっても、リニアモーターカーのように電磁気学の素養を必要とする分野にも、容易に入っていけた。

彼は西ドイツ方式がよいと考えたのだが、同時にその欠点も見抜き、独自の発想に基づく設計ができあがったのである（巻末資料参照）。私がナパの訓練所からこの開発グループに異動になったときには、この設計に基づく開発計画が考えられていた。そして、開発のパートナーとして、三菱重工業株式会社にその申し入れが行われた直後であった。

しばらくして三菱重工業からの回答は、中村の設計とは違った設計案が示された。技術の世界というものはシビアなもので、一つのコンセプト（概念・考え方）の中で中身がちょっとでも変更されると、全体の設計が大きく変わってしまうことがある。この時もその例であった。

残念であったが同社との共同開発を断念し、日本航空独自の開発に進むことになった。


この時期、航空業界にも転換期が訪れていた。これまでの急速な航空需要の伸びが鈍化してきたのである。日本航空も予定していた路線拡張が思うようにゆかず、便数の伸びも頭打ちとなった。年間飛行時間の伸びが止まったのにつれて、整備作業量も頭打ちとなっていた。

世の中というものは、思わぬ転換期があるもので、これがリニアモーターカーの開発には幸いしたのである。

技術開発に向く技術者たちを技術部、装備工場、機体工場、原動機工場などから引き抜くことができ、思いがけなく、私が管理部在籍中に採用した人たちも、このプロジェクトに参加することになったのである。

経営管理室が立てた長期経営計画に基づいて、各本部が数年先の必要人員を予測して採用計画を立てているのであるが、当時のような大幅修正があったのは珍しいことだった。いずれにせよ、事業計画の修正が、今回の開発には幸いしたのだ。

私自身はちょっと複雑な気分であった。数年間別の仕事をしているうちに、その前にしていた仕事の中身が大きく変わってしまっていたのだ。

このリニアモーターカー開発を担当する組織は、一般的な会社組織とは違っていて、会社役員で構成される総合開発委員会（委員長は高木副社長）というのがあり、その事務局が計画を立案し、実施するという変則的な組織であった。元々はホテルシステムを開発し、それが軌道に乗り、別会社として事業を始めた後、次なる開発計画として空港アクセスの問題を取り上げたのである。

こういう経緯があって始められたプロジェクトであったが、空港アクセスについては、林独特の哲学みたいなものがあって、都心と空港をむすぶ交通機関の所要時間は、三十分以内が望ましいというのである。

航空旅客にとっては空港までの所要時間は短い方が望ましい。残念ながら世界の巨大空港になると、なかなかその基準を満たすのは大変なことである。空港が巨大になればなるほど、その占める面積が大きくなり、都心に近い場所には用地がなかなか見つからないからである。
ロンドンのヒースロー空港や、パリのシャルル・ド・ゴール空港などは、市街地からだいぶ遠い空港ではあるが、成田空港はこれらの空港よりもさらに市街地から離れている。現在でこそ、ＪＲの成田エクスプレスが東京都心から成田への交通機関として定着しているが、当時は京成電鉄のスカイライナー以外は、大混雑している都心の道路を利用するバス輸送に頼らざるを得なかった。そこで日本航空は都心から成田まで三十分以内という提案をしたのであった。

そこに登場したのがＨＳＳＴ（High Speed Surface Transport）という名前の交通システムであった。

なぜこのようなものを航空会社が開発しなくてはならないのかということについては、当時から世間では異論が多かった。特に新幹線導入を計画し、すでに成田に地下空港駅を作り、ここから成田ニュータウン付近までの用地買収も一部分行っていた国鉄にとっては、余計な提案としか受け取られなかった。

国の直轄機関であった国鉄は猛烈な反対の立場を取った。国鉄内でもその頃から浮上式鉄道の開発を行っており、基本的な原理や設計がまったく違うとはいえ、世間一般には同じ方式としか映らないＨＳＳＴは目障りであった。

いかに航空旅客の利便を図るためとはいえ、航空会社がそこまで介入するのはおかしいというのが一般的な見方であった。

そこに敢えて踏み込んだ本当の理由は何であったかは当事者にしか判らない。確かに都心成田間が三十分で行けるとなればすごく便利であり、今でもこういうアクセスがあれば、旅客は大喜びになるのは間違いない。私がここに赴任したのはこの決定がなされた後であったから、私自身も奇異に感じたものであった。


林は交通アクセス問題の解決をリニアモーターカーに求めた。

彼は、航空会社独自ででも高速交通アクセスを設置しなければ、旅客に対するエクスキューズができないと思ったようである。確かに今でも航空旅客の不便さは変わっていない。ただ、今では旅客の方で時間がかかる不便さを諦めているのが実態である。また、今は羽田空港に国際線が復活した。

運輸省や、国鉄の物凄い反撃にあっても、林は諦めなかった。そして航空旅客のために空港アクセスをより便利にするのは、航空会社の最大のサービスというより、責務に近いという論理を掲げて、この難問題に挑戦したのであった。

そのためには、新技術である車輪のない地上の高速交通機関を開発し、時速三百キロで走れれば、二十分以内に空港に到着できるという話になったのである。当時、新幹線のスピードは時速二百キロであったから、それよりもだいぶ早い空港アクセスになるのである。だから時速三百キロというのは、キャッチフレーズとしては、インパクトの強いものであった。

林の哲学とは別に、このプロジェクトが動き出した背景というか必然性といったものがあった。それは中村の存在である。当時の整備担当役員が彼ならこの開発ができるであろうと推薦された由である。

私も最初はプロジェクトに対して違和感があったことは確かである。しかし、西ドイツの開発状況を実際に見たり、一見しただけでその欠点を見抜き、ここをこうすれば技術的に可能であると判断できたという中村の発想を聞いている内に、「この方の才能は並のものではない」ということがよく判ったのである。

それで、会社の方針としてこの開発を進めるのであれば、中村を助けようという気になった。中村の構想を何とか実現させたいと思うようになったのである。

このとき、私の脳裏には、これも私の首に掛かった禅門(ぜんもん)の頭陀袋(ずだぶくろ)なのかということが浮かんだ。この意味は、この袋をお金やお米で満たすためには自ら托鉢をしなければ、誰も満たしてはくれない。人は誰しもその人生でやらねばならないことがあるという意である。このことは、子供の頃明治生まれの母から教えられた話である。

最初は、これが会社人生の後半のほとんどを費やす繋がりになるとは思ってもいなかったが、結果としては走り続けることになったのである。

基本技術の開発

私が赴任したときには、中村信二、三尋木潔、日笠佳郎、高橋道夫、それに、加藤純郎はすでに開発チームに参加していた。その後、鈴木弘、佐藤伸助、杉山喆夫（てつお）、鈴木清昭、相澤弘、石川満寿夫、岩谷満、塩澤善一郎などが続々と参入してきた。

この頃にはすでに一つの実験は完了していた。

それは浮上実験である。机の上に置けるぐらいの小さなテストスタンド（実験台）に組み上がっている浮上装置を使って、電磁石の吸引力でどの程度のものを宙に浮かすことができるかを実際に確かめるための装置である。

鉄と電磁石にくっついた錘（おもり）との間隔をいろいろ変えながら、電磁石に流れる電流の細かい調整をして、うまく浮き上がる間隔を一定に保つように制御回路を作ったのである。

昭和四十九年四月にこれを作ったのは、日笠であった。この制御回路が出来上がったので「やれる」という確信ができた。吸引式浮上方式の要（かなめ）になる技術なのであった。

この装置の名前は「ウイター」だった。真面目なだけでなく、ユーモアのセンスもあっ

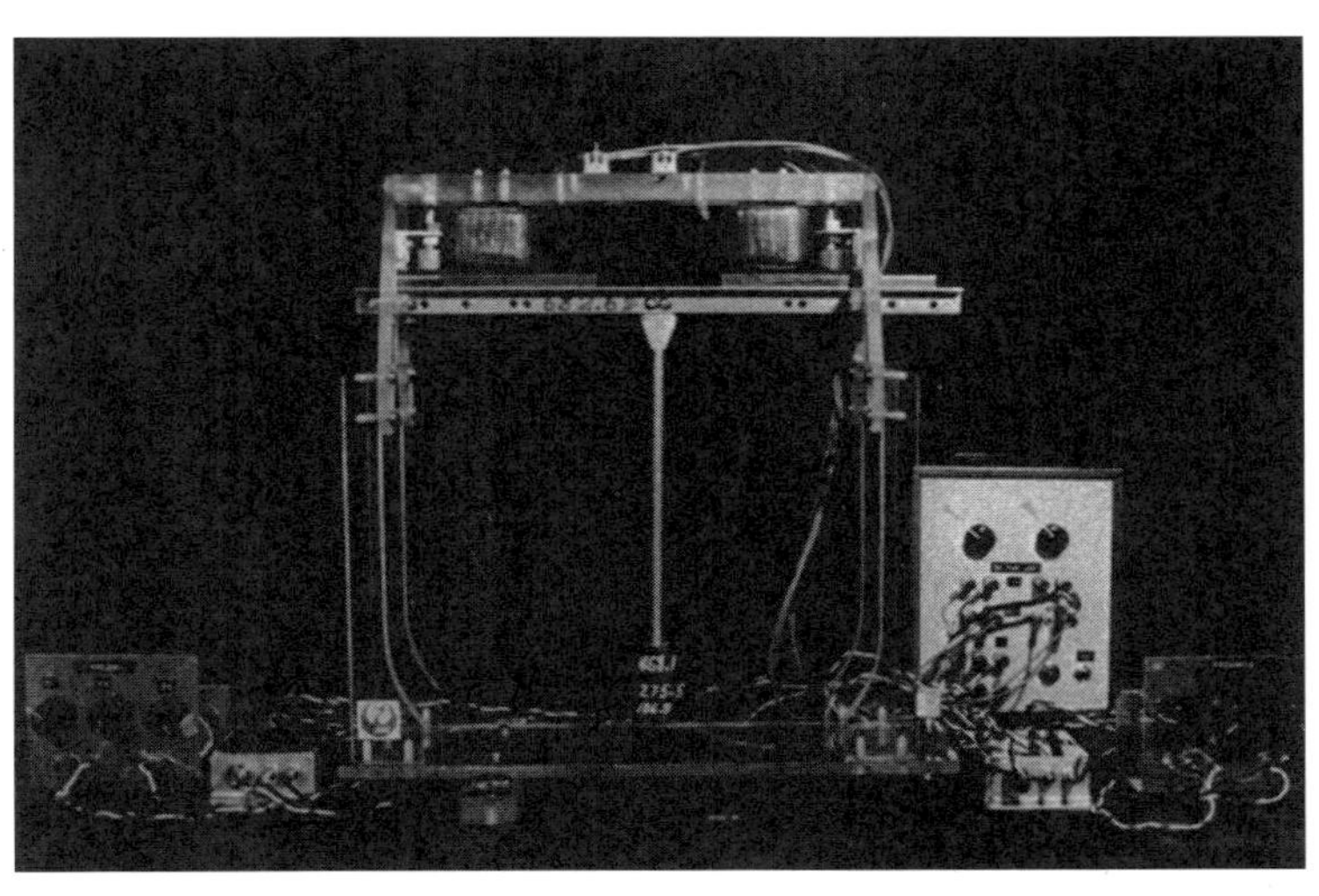

ウイター

た中村がつけたのか、または日笠がつけたのかは定かではなかったが、「浮いた」をもじった名前であることはすぐにわかった。

次に試作が始まったのは、実験一号機に用いる予定の電磁石を作ることであった。

中村の凄いところは、自分の設計や計算に自信があるので、最短距離の開発を押し進めることができるところである。

変圧器や電磁石の鉄心には、普通は積層珪素鋼板を用いるのであるが、使う電流が交流ではなく直流制御ということもあって、彼はそうしなかった。

純鉄を用いたのである。純鉄は機械加工が難しくなかなか大変な作業になるが、原動機工場にある機械工作課で作り上げてもらった。これを担当したのは三尋木であった。同じく彼はこの後も、モジュールという浮上装置と推進装置とを一緒に組み込んだサスペンション（機体の支持装置）を、中村の構想に基づいて作り上げた。

もっとも電磁石の鉄心に純鉄を使ったのは、中村が初めてではない。

話が少しずれるが、オーディオの分野で最高の音質であるという確固たる地位を築いた米国のウエスタン・エレクトリック社のオーディオのシステムに、古くから使われていた555ドライバー（同社ではレシーバーと称している）は、ハウジング（外箱）と鉄心が一体型となったキャストアイアン（鋳鉄）になっていた。その材料には純鉄が使用されている。この555ドライバーは、はるか昔に製造中止になっているため、このウエスタン・エレクトリック社のシステムで音を聞くということは、今や伝説的なものになりつつあるが、このシステムの音質は素晴らしい。

アメリカでは、その当時、映画館のオーディオシステムは、全部ウエスタン・エレクトリック社のシステムであった。それほど、音質の良さでは定評があった。

このウエスタン・エレクトリックのコレクターとして日本で有名な八島誠が亡くなって二十年以上経つが、八島がこれらを使って組み上げたオーディオシステムは、真空管一本交換することなく、今もって、素晴らしい音を出している。変に低音を強調したりしないで、元の音を、そのまま再生しているので、耳に優しい、自然の音色が出るのである。だから、いつまで聞いていても飽きないし、疲れることもない。この５５に使用されている純鉄が素晴らしい音の源なのである。

かの美空ひばりも、録音には必ずウエスタン製のマイクを使ったとのことである。

純度の高い鉄は、比透磁率が極めて高く保磁力が小さくて、直流鉄心材料として優れているのである。また、鉄は錆びやすい金属であるが、純鉄はほとんど錆びないのである。ただし、純鉄は純度が高くなればなるほど製造コストが高くなることと、加工する際、一つの型に削り出す作業が難しいので、あまり使用されない。しかし、鉄心材料としては最高のものなのである。

このように中村はシステム構成要素の最適条件を常に探して、設計をしていたのであった。この電磁石を組み込んだモジュールのことを、独立懸架装置とも呼んでいた。モジュールの一つ一つが独立したサスペンションになっているからである。

この鉄心を使った実用型電磁石は、実験一号機に八個取りつけられる。

ただし、この実験機では、機体が小さいので、モジュールにはなっていない。

その最初の一個を作り、この電磁石を取り付けるためのテストスタンドが製作され、実

ブランコ

験が始まった。

何しろ実用機用の電磁石なので、「ウイター」とは流れる電気も格段に多く、制御装置も大きなものとなった。

この実験もうまく成功したのであるが、これには「ブランコ」という名前が付けられた。言い得て妙な名前であった。別にぶらぶら揺するものではないが、電磁石がスタンドにとりついて、宙に浮いている状態がブランコを連想させたのである。

これと並行して、各種センサーのテストや、マグネットの有限要素法による磁場解析や、磁束分布の測定なども行った。

実験一号機の製作

実用型電磁石の浮上実験に成功したので、残るは、リニアモーターの実験である。この実験はさすがに自社でとはいかなかった。相談相手に選んだのは、富士電機株式会社であった。ここの工場が川崎市にあり、そこでまずは二次側に回転円盤を使って、それに小型のモーターをあわせてデータをとった。

西ドイツのエルランゲンでは巨大円形軌道を使っていたが、回転円盤というのは回転することによって二次側が無限の長さと同じことになるから、リニアモーターのコンパクトな実験に向いているのである。

ある程度のデータが採れたところで、いよいよ実物大のリニアモーターを製作することになった。

同社に依頼したのであるが、メーカーは回転型モーターの技術をベースに考えるので、今ひとつ、中村のアイデアとは食い違っていた。このことについては後で述べるが、とにかく同社に実用型と同じサイズ二台の製作を依頼した。

いよいよリニアモーターの走行テストをする段階になったが、そこで二つのことが必要になった。

一つはリニアモーターを取り付ける車体である。もう一つはモーターの二次側に当たる誘導板（リアクション・プレート）の製作である。車体の製作も大変であるが、誘導板の製作はもっと大変であった。

誘導板と一言でいえば簡単であるが、それの意味するところは、車体が走る軌道を造ることなのである。軌道を造り、その上に誘導板を取り付けることになるのである。

誘導板というのは、普通の回転型モーターの二次側に当たる部分である。つまり、車体に取り付けるリニアモーターは、正確に言えばリニアモーターの一次側であり、誘導板とあわせて一つのモーターになるのである。だから誘導板がなければ、走れないのである。

普通の回転型モーターは、丸くなっているので、一つの製品の中に、一次巻線も、二次側も収まってしまうが、リニアモーターの場合は、一次側コイルも板状であり、二次側も直線（リニア）状に平べったく延びているのが、大きく違うところである。リニアモーターと呼ばれるわけはここにある。

機体製作の方は、機体工場にお願いして、航空機整備の手待ち時間の所で作ってもらえるようお願いした。

それに先立ち、機体の形状を決めねばならなかった。このあたりは中村の得意とするところであり、将来の時速三〇〇キロの走行を想定して、もっとも空気抵抗の少ない流線型で、飛行機の主翼の断面によく似た形のものとなった。

その具体的な設計については、中村に心づもりがあったようで、三尋木が私がやりましょうかといっても、なかなか「うん」とはいわなかった。

ある日、私が羽田に行くと、

「相談があるのですが」

「何でしょうか」

「あの人知ってますか。二年ほど前に定年で辞めた人で、山川勝喜さんですよ」

「会ったことはないですが、名前は知ってます」

「実は、彼に今回の実験機体の設計を頼みたいのですが」

「三尋木さんではいけないのですか」

「うん。彼にはモジュールの設計をやってほしいんだ。コンポーネントの設計は彼の得意とするところで、言うことはないんだが――」と別の考えがあることが判った。

それでさらに訊ねると、

「実は彼は戦前、飛行機の設計をやっており、軍の航空機も設計したことがある人なんですよ。彼なら私の考え通りに設計してくれると思うのですがねー」と言った。

私にもその意図が分かったので、「では相談してみましょう」と言って別れた。

私は、立川市の近くにある彼の自宅を訪問した。

当時、彼は格別の仕事があるわけではなく、趣味の写真撮影などをしていた。ハイアマチュアで、牡丹の花びらに一滴露がついている写真や、寺院の古い柱のアップなど、なかなかの腕前であった。

中村の話をしたら、会社に出掛けて行きましょうと言う。

中村からの要請を聞いて、「わかったよ、信さん。私にやらして欲しい」と彼は言った。

仲間内では、中村は「信さん」と、愛称で呼ばれることが多かった。

時には若い人たちからも、「信さん」と敬愛の念を込めて呼ばれていた。彼の優しさを皆が知っていたのであった。

両者間の話は付いたのであるが、いざ契約となると、ちょっと面倒であった。

というのは、こんな場合、役務契約となるのであるが、彼が言った額では会社が納得してくれそうにもなかったので、交渉して、少し下げてもらった。そして早速羽田に来て、仕事に取りかかってもらった。

それから数ヶ月ほど経ってからのことである。

私は事務局長から呼び出しを受けた。

事務局長の所に行くと、

「山川さんのことなんだが」と早速切り出された。

「何でしょうか」

「さっき管理部から話があって、彼の役務費が高すぎると言うんだよ」

高いのはわかっていたが、その訳を尋ねた。

すると、「彼は当社のOBなので、OBとしての基準に合わせて欲しいと言うんだ」

クレームが来たのであった。

「彼には一応話はしておいたのだが」

「それで彼はなんと言ったのですか」

「あまりいい返事ではなくて、考えさせて欲しいと言った」

「そうですか、局長、少し相談があるのですが」

「なんだい」

「そのことですが、彼は今大事な仕事をしているので、今やめられると困るのです。出来上がりつつある車体の設計がだめになるのです」

さらに私は続けた。

「彼は戦前、軍の航空機を設計した人で、中村さんがその技量を高く買っている人なんです。一般のOBを雇うのとは訳が違うのです。高い技術にはそれに見合った額を払ってもいいのではないですか」

「うーん」としばらく黙っていた。

「できれば、OBを雇うという見方ではなくて、一人の技術者を雇うという見方ができないものでしょうか?」

しばらく間をおいて、

「分かった。その線で話をしてみよう」

「よろしくお願いします」と言って席を立った。

しばらくしてから局長から電話があり、

「一応了承してもらったが、前例になると困るので、本人にも他へ漏らさないよう口止めしておいて欲しいという条件が付いた。本人にもそのことを伝えておいて欲しい」

「ありがとうございました。本人にもよく伝えます」と電話を切った。事情を分かってもらえて本当によかった。

早速羽田に行き、本人に伝え、この件は落着した。

中村と山川とで設計して出来上がった実験機を真横から眺めると、航空機の翼の断面図とそっくりの姿をしていた。時速三〇〇キロで走るのに合わせて、空気抵抗が最も小さい流線型になっていたのである。

高速実験に入る頃には、これに尾翼が取り付けられた。格好良く見せるために取り付けたのではなく、高速走行時の安定性を保つために付加されたのであるが、尾翼が付いたら、この車体いかにも飛行機屋が作ったものといった外観になった。

この山川のことであるが、最近、妻がインターネットで検索していて、発信者の名前のない一文を持ってきた。

それはこの山川勝喜のご子息が発信者のように受け取れるものであった。亡き父の想い出が書いてあった。

この方は父が生前成した仕事を、非常に誇りに思っているようで、多くの人にそれを分かって欲しいと思い、この文を書かれたようであった。

それによると、山川は、海軍の局地戦闘機「雷電」の設計をしていたらしいのである。また戦後は、戦後初の国産機「YS―11」の設計にも携わっていた由である。

この方の話によると、彼は翼型の設計が主であったようで、中村がそのことをよく知っていたのである。

中村は、この「YS—11」機のメンテナンス・マニュアル（整備作業基準書）を作成した人であるので、おそらくはこの「YS—11」のマニュアル作りの際、山川との出会いがあったのではないかと推察される。

私がこの本を書いているときに、まるでこの本の参考にして欲しいと言わんばかりに、この文に出会えたことは、不思議な巡り合わせであった。

東扇島物語

このころ、大手の建設会社にＨＳＳＴの開発に協力しようという話が出てきた。各会社を説いて回ったのは林である。こういうことは彼のもっとも得意とするところで、その結果、清水建設を幹事会社とする九社がまとまった。竹中工務店、熊谷組、大成建設、間組、青木建設、住友建設、佐藤工業、日本鋪道である。

電機会社だけでなく建設各社に対しても、国鉄の締め付けは相当あったようで、これ以外の会社にも話は行ったようであるが、国鉄に気兼ねして遠慮したようである。

この時期、リニアモーターを製作した富士電機は、国鉄のプレッシャーで日本航空への協力を断ってきた。

そんな時だったが、建設会社はさすがに柔軟で、それなら日本航空に協力しようということになったのであった。そして、これだけの会社が資金を出し合って協力をして頂いたのである。この協力がなかったら、いくら実験機ができても走行テストはできなかった。やはり新技術に対する理解があったためであろうと、今でも感謝している。

そんな時、石川満寿夫が川崎市の東扇島埋め立て地を見つけてきた。その隣の扇島埋め立て地に日本鋼管が公害問題解決のため工場の移転を始めた頃のことである。

この扇島埋め立て地の東側に、川崎市がもう一つ埋め立て地を造成した。それが東扇島であった。今ではこの島の中央部に湾岸道路が走っている。

これに関連した工事をやっていた日本鋪道が、埋め立てたばかりの更地があるがどうかと打診したということであった。石川は航空会社には珍しく土木工学科の出身であったから、建設会社とは縁があったのである。

早速島を管理している川崎市の港湾局へ林と共に出かけていった。

私たちの話を聞いた同局管理部の係長は、

「あなた方、埋め立て地とはどういうところか知ってますか？」と言った。

「埋め立ててから二年ほど経っているとは聞いてますが」

「埋め立て地というのは、実際にその土地が使えるようになるまでに、少なくとも五年はかかるものなのですよ。埋め立てて一年や二年の土地がどういう状態か分かってないようですね」

「はあ？」

「埋め立てた土地の沈下が落ち着くまでには大変ですよ。今は一年間に一メートルから二メートルは沈下している。今のあそこの状態は、歩いているとずぼっと足がはまってしまいます。あっという間に、膝ぐらいまで沈んでしまうようなところがあちこちにありますよ。それにその沈下は同じではなくて、場所により沈下量が違う、いわゆる不等沈下というものです。だから地面が常に波打っていますよ。そんなところに精度の高い軌道を造るなんて、とてもできない相談だと思います。まあ、現状復帰が可能なら数年間貸すことはできるが、貸すことはできても役に立たないでしょうね」

「それに今はあの島へ渡る交通手段がありません。船で渡っては仕事にならないでしょう。今私たちは扇島へ行く日本鋼管のトンネルを利用させてもらっているが、鋼管は今引っ越しの最中で、トンネル内の混雑がはげしく、通行規制をやっていて、とても通してはくれませんよ」という話であった。

私も埋め立て地の話は初めてだったので、一度は引き下がった。そして中村や石川に、こう言われたけれどどと相談した。

石川は日本鋪道と相談した結果、「彼らはできると言っています」と報告してきた。

中村を交え相談したら、

「そういう場所なら、別のテストもできるよ。かえって良いかも知れない」

「どんなことをやるのですか？」

「うん。そういう所ならついでに軌道の調整装置をつけてどの程度調整ができるかもやってみたい」

「石川君、日本鋪道はどのように造るつもりなのですか？」

「はい、軌道を敷くところに、一応砂や凝固剤などを入れ、多少地面を固めてからその上にコンクリートの板を敷くと言ってます。彼らは方々で道路を造っており、沈下量の多い土地の工事に慣れています。それにテニスコートの造成など、面の工事に慣れています」

と言った。

中村が、沈下に対応する調整装置は考えるという話になったので、この件を建設九社に話すことにした。

会議の席上、早速に熊谷組からクレームが出た。

「埋め立ててからわずか一～二年のところに精度の高い軌道を造るなんて、考えられないことです。あっという間に沈んでしまうでしょう。金を捨てるようなものです」

と、川崎市の方と同じような話であった。

大方の意見も似たようなものであった。

何しろ、ＨＳＳＴで要求する軌道の精度というのは、一〇メートルで数ミリ（これは大まかな目安である）といったものなので、土木の感覚で言うと、そんな精度は考えられないというほど厳しいものなのであった。

会議は紛糾したが、ほかに適当な場所がなく、幹事会社の清水建設の部長小田から、「みなさんのご心配はよく分かりますが、日本航空の方で調整装置については大丈夫ということですし、日本鋪道が責任を持つなら、どうでしょう。やってみようではありませんか」と提案があり、「ではやってみるか」ということになった。

こうして建設会社の合意が取り付けられ、工事に取りかかることになった。工事費用については私たちは全然関知しないですんだ。有り難いことであった。

それで川崎市港湾局管理部へ赴き、借地契約を済ませた。本当は東扇島の長さいっぱい、約二キロほどほしかったが、借りられたのは一・三キロであった。

もう一つの難問は、交通手段であった。どうしても日本鋼管の扇島トンネルを利用しないことには、どうにもならなかった。

これについては、日本鋪道の物部取締役（後に社長）が日本鋼管と交渉して、交通時間帯、通行する人数などの制約はあったものの、特別に許可してもらった。

トンネルを通過するときには、あらかじめ日本鋼管の方で用意した通行証を示せば、通行できることになった。この時の鋼管の担当部長も立派な方で、後で聞くと、通行を許可するに当たって、社内の説得に相当かかった由であった。

さて、埋め立て地の工事は、皆さんが心配したように、大変であった。日本鋪道は、用地のあちらこちらに砂山を築いていた。なぜかというと、こうして沈下量の大きいところには荷重をかけて早く沈下させるのだそうだ。そうしてある程度沈下が収まったところで工事にかかる方がよいのである。

こうして始まった工事ではあったが、やはり思わぬことも起きた。ある時、数日前に置いたはずの工事用重機が二、三日経って行ってみると無くなっていた。地下にすっぽり潜ってしまったのであった。

私も一度、工事の視察に行った際、履いていた長靴がくるぶしの少し上のところまで潜ってしまったことがあった。予定地以外のところはあまり歩かない方がよいと言われた。底なし沼のようなところがあちこちにあったのである。

年間の沈下量が二メートルという悪条件の場所しか用地がなかったのは、日本の国土の狭さを象徴している。しかしこの場所を上手に使うことができるようになったのは、十数年後ではあるが、当時全然予想もしていなかった横浜博の軌道建設の時、非常に役に立った。

ものの考え方はいろいろあって、年間沈下量が二メートルもあるようなところでは軌道の精度が一〇メートルあたり数ミリという土木工事は考えられないというのが一般的であっても、沈下量そのものよりも不等沈下量を問題にしてみれば、話は違ってくるのである。たとえば、長さが二百メートルの軌道の場合、始点での年間沈下量が一・五メートルで、終点の年間沈下量が二メートルであったとする。そうすると、その差は五〇センチである。つまり二百メートルで五〇センチの沈下量を問題にすればよいことになるのである。二メートルの補正と五〇センチの補正とではやりやすさが大分違ってくるのである。

さらにこの中間地点では、不等沈下量は二五センチであるから、調整量はさらにやりやすくなるのである。このようにして、さらに細かく区切ると、調整量はもっと少なくてすむ。このように考えると、これくらいの調整であれば、そのやり方もアイデアが色々出てくるものである。

工事を請け負った日本鋪道はこれまでに軟弱地盤のところに何本も道路を造っており、不等沈下を面で補うことを知っていた。不等沈下を最小にとどめるため、軌道設置面にはコンクリートの板を置いた。普通は地下の支持層までの杭を打つのであるが、川崎市の条件は、杭は不可とのことであった。

このコンクリートの板の上に、軌道のコンクリート桁を並べて置いてゆくのである。コンクリート板を敷くことは、その面で上にかかる荷重を分散できて、単位面積あたりの荷重が小さくなるし、沈下量のアンバランスを平均化することにもなるので、不等沈下対策としては有効な手段であった。

このコンクリート桁のところには、高さ調整用のジャッキを取り付けてある。自動車のシャーシーを持ち上げるときに使うような簡単なダルマジャッキである。これで大きな沈下調整を行い、微調整はその上に取り付ける鉄レールの枕木のところで行うことになっていた。いかに安く作るかというのも、資金面の制約が非常に大きいプロジェクトであったために、多くの配慮がなされた。

中村が不等沈下の調整をこんな簡単な装置で十分と考えていたのは、ちゃんとした計算の裏付けがあった。

実験機の長さが四メートルあったから、この四メートルが一センチのギャップ（隙間）で、不等沈下があるところを、レールに接触しないで通過できるようにレールの調整ができれば、走行は可能と考えていた。

実際にはこの実験機は実用機のモジュールと同じような長さであり、一つのモジュールと見なせば、発想は同じである。

たとえば、これが時速五〇キロメートルで走ると、毎秒約一四メートル走ることになる。

時速一〇〇キロメートルで走ると、毎秒約二八メートルになる。

この場合、ギャップを測るセンサーがプラスマイナス二ミリの差を検知して、それの対応するように電磁石に流れる電流をコントロールできれば不等沈下のあるところでも、レールに接触することなく通過できるのである。

あんな場所で本当にできるのかという、外部の心配ほどには中村は心配していなかった。理論上の裏付けがあったからであった。

とは言っても、相当量の沈下が発生している場所だったし、何にもまして初めてのことだったので、軌道の整備は専任の人を置いて、慎重に行った。

非常に地味な、いわば縁の下の力持ちといったこの仕事を、黙々とこなしてくれた人がいたのである。

東俊彦や近藤孝志である。こういう地味な分野をきちんとやることが、浮上式の場合、欠くことのできないことなのである。特に初めての軌道の調整、それもミリ単位の仕事であったので、神経を使っていた。

初めのうちは、レーザー光線を使った測定器を用いていたが、そのうちに、この計測器なしで目測でも沈下の具合が分かるようになったと東は話していた。近藤はこの経験から、軌道調整のやり方を中村に提案した。中村も目視で軌道の不均一性が判ったようであった。

便利だったのは、走行データを利用できることであった。走るたびに浮上制御の具合や、リニアモーターの加速性能などを、機体に積み込んだ計測器で測定し、それをレコーダーに記録していたので、この記録を見ると、どの場所で浮上の乱れがあったか判る。これを軌道整備にも利用できたのである。

この施設が出来上がって一年も経つと、予想通り、かなりの不等沈下が各所に現れた。軌道脇の通路が目で見て分かるほどに、何カ所も波打ってきたのである。それでも軌道の精度は管理範囲内に調整されて、走行実験は支障無くできた。

この軌道に取り付ける鉄レールは既存のH形鋼を利用した。この一部を切り取って、上面を平らにした。すると断面の形はコの字型になる。そして、電磁石と向かい合うところは、幅が狭すぎるので、この面が幅広くなるように、別の鉄を持ってきて溶接したのである。このように、カットしたり溶接したりして、安く作ったのである。これを製作したのは、東京鉄骨株式会社であった。

ここでは実用線用のリニアモーターのテストが目的なので、軌道の幅は実用線よりも大分狭くなっていた。それでリニアモーターの二次側に当たるリアクションプレートは、電磁石用の鉄レールとは別に、軌道の中央部に取り付けられた。これは鉄板の上にアルミ板を張ったものである。

そしてその間には、絶縁用のアスファルトシートを挟んだ構造になっていた。これは両者間の電蝕（電流が流れることによって起こる腐蝕）防止になっていた。

これにはもう一つ理由がある。鉄とアルミとでは、温度の変化による熱膨張率の違いである。要は、温度によって鉄の延び方と、アルミの延び方に、違いが出てくるのである。

このレールのように、直線状の構造物の場合は、その影響が大きい。だからアスファルトを介して、両者の熱膨張の違いによる影響を緩和させるのである。実用型でモジュール構造の場合はこの両者が一体型となるが、ここではこのように浮上用の鉄レールとリアクションプレートは分かれていた。

軌道の製作と並行して、軌道の始点のところに格納庫を造り、さらに軌道の中央部よりも少し手前のところにリニアモーター推進用の電力装置が入っていて監視もできる二階建てのプレハブ棟を建設した。ここの一階には、実験機に供給するための電源を設置した。まず、米国製の５０００ＣＣほどの中古の自動車エンジンを探してきて、これに発電機を取り付けて、自家発電とした。この仕事は、ＪＡＬの関連会社である日本空港動力株式会社に依頼した。その後の操作についても同社から派遣された技術者が行った。

このエンジンの回転制御は、二階の操作室でスロットルレバーを用いて手動で操作するようにできていた。飛行機のエンジン操作はスロットルレバーで行うが、この操作に似ている。別に飛行機屋だからこうしたのではなく、この方が安上がりなのである。いかに開発費用を安くするためにシステム全体をコンパクトにまとめるかというのが常にあって、それを皆さんがよく理解して、黙って苦労してきたのであった。何しろ本業の航空機から離れての仕事なのだから、その淋しさはあったにしても、それを振り切って、新しい発想で少しでも良いシステムを創り上げようとしていたのであった。

リニアモーターは、VVVFという制御のやり方をする。この耳慣れないVVVFという言葉は、モーターの速度を変化させるのに、供給する電圧を変えるのと同時に周波数も変えるやり方のことである。

最近は、回転型モーターでも、このやり方をつかったVVVFインバーター制御の電車もあるし、家庭用エアコンの制御にも使われているようである。

外部見学者用のテントも格納庫の手前のところに置いた。最先端の技術の実験をする施設とは思えないほど質素な施設であった。

東扇島での報道関係者への公開風景・尾翼の着いた実験機。
軌道上右端は中村信二

色々なことはあったが、何とか実験場が出来上がり、開所式の日が来た。テントの中には協力してもらった建設各社のほか、集電線を作った住友電工からも見えていた。

同社も国鉄のプレッシャーを受けながらも、私たちに協力してくれた会社だった。ここの石黒市場開発室長が非常に熱心で、社長にＨＳＳＴ開発の重要性を説いてくれたのであった。また、ここの工事を予定どおり実施できたのは、何にもまして日本鋼管の厚意があったからであった。そのときの担当部長は、お祝いの大きな菰樽の鏡開きにも加わった。彼は菰樽の鏡を割ったのは初めてで、たいそう嬉しかったと言っていた。これまでご迷惑を掛けたことのお返しを少しはできたとほっとした。

この実験場でのテストは高速テストであるので、実験機も改造された。高速時の安定を図るための尾翼が取り付けられた。そしてここでは人は乗らないので上部はカバーが取り付けられ、いかにも高速テスト用の車体という流線型の形に変わった。

そしてリニアモーターも新しいものに取り替えた。新しいモーターは自社製であった。中村独自の設計によるものである。電機会社ではとても作れないモーターであった。どこが違うかというと、鉄心の部分が極端に薄く、アルミのコイルが多いのである。外国から調査にきたモーターの研究家が、説明を聞いて、

「オー、これはカッパーマシンだ」と思わず声を出したことがあった。カッパーマシンという意味は、これまでの鉄心の部分が多いモーターに比べて、中村のものは鉄心が薄く巻き線（カッパーは銅のことであるが、実際に巻いたのは軽量化のため、アルミ線である）の部分が多いモーターであったからであった。

電機会社の設計は回転型のモーターがベースになるので、こんな風には設計しない。主たる目的はモーターの軽量化であるが、これとは別にリニアモーターが発生させる吸

引力を小さくするという効果もあった。

鉄心は外注に出したが、アルミの巻き線は、加藤純郎が関連会社の人を使って、自分で巻いたのである。設計も製作も自社製となったのであった。

初めのうちは問題の軌道精度調整は何度も行われていたが、地盤がだんだん安定してきたのと、調整のコツが分かって大分スムーズにやれるようになった。そしてスピードも時速一〇〇キロ、一五〇キロと次第に早く走れるようになった。

テストサイトの夏は、焦熱の砂浜であった。そばに海があるからと行って、泳ぐわけではない。吹きっさらしの場所なので、冬は北風が吹きすさび、もろに寒風が肌を刺す。このように暖房も冷房もない過酷な条件の格納庫の中で、技術者たちは黙々と仕事をしていたのであった。

そして、とうとう時速二〇〇キロのスピードテストに成功したのであった。

HSST二号機の製作

そうこうしているうちに、人を乗せて走らせないかという話が持ち上がった。人を乗せることになると、単に、リニアモーターや、高速時の浮上制御装置のテストだけでは不十分であった。乗り物である以上、人が乗ってその乗り心地を良くしなければ何にもならない。

特に浮いて走るものだから、万一、浮上装置が故障して、レール上に落下したとき、いくら一センチの高さからとはいっても、衝撃があるのではないかと心配される人もいた。それで、この軌道に合った実験機を作ることになった。

ところが、運輸省の予算審査の壁が厚く、数億円もかけて新しい実験機を作る予算は、とうてい承認されるものではなかった。

この頃は運輸省の監督が厳しくて、一億円以上の資本支出については次年度予算作成時から運輸省に説明して承認を得なければならなかった。

私は整備本部に相談し、機体整備の空き工数を使えないかと思い、相談を持ちかけた。

おおよそ、一万工数はかかるだろうというこの製作は、やはり相当に難しい相談であった。しかし何とかやれないものだろうかと、機体工場長、管理課長、工務課長などに相談した。本部内の了承を得なくてはとてもできないという話になった。

その次に、整備本部の作業全般計画や、実行管理などの責任を持っている整備部へ相談に行った。

当時の整備部長は十時であった（後の整備本部長）。整備部長の尽力もあって、整備本部としての了承も取り付け、機体工場で引き受けていただけることになった。

大木機体工場長には、「信さんの仕事に協力しよう」と言ってもらえた。航空機のオーバーホール用格納庫の一隅に幕を張って外部から遮断し、その中で二号機の製作が始まった。

機体工場で実際に製作に当たった人たちは、日本で初めて人の乗れるリニアモーターカーを作るんだという、強い意気込みがあったと聞いている。

この二号機の特徴は、フレキシブルシャーシーという台車構造であった。運転士を含め最大九人乗りのこの実験機にモジュール構造を取り付けるのは困難だったからである。一般車両の台車に当たる部分を、自由にたわむことのできる構造にすることによって、

キャノピーを開けた二号機

乗り心地を良くすることができた。

また、人が乗り降りするためのドアはなくて、車体の上部を前後にスライドさせて、乗降できるようになっていた。この方式は、昔の戦闘機によくあるキャノピー方式という。

小型の車体なのでこのような工夫もされていた。航空機の設計をやったことのある人の発想であった。

これらのアイデアは中村と山川のコンビから生まれたものであった。中村は目的とそのための具体的設計がどんなものでもできる人だったのである。


二号機は人を乗せて走るので、速度は時速約一〇〇キロにとどめていた。本当になめらかに滑るように走るので乗った方の評判は良かった。フレキシブルシャーシーの効果が出たのであった。

このフレキシブルシャーシーの製作は、原動機工場の一隅を借りて行ったが、シャーシーができあがり、この浮上テストに成功したときは、その側でささやかな乾杯をした。

技術者全員が集まり、みんな嬉しそうであった。中村もにこにこしていた。

この二号機に試乗された方は、数百人にのぼる。元総理、多くの国会議員、海外からの来訪者も多かった。

この二号機の走行を見て、住友電工の石黒などは、このまま実用化に持っていってくださいと、強く要望したこともあった。彼は市場開発室長で、新交通も担当であった。しかし、中村は所期の目的が時速三〇〇キロの実用機ができるまでは、途中で妥協したくないという話であったし、林は特にその意志が強く、この話は宙に浮いたままになった。石黒はしきりに残念がっていたことを思い出す。

スウェーデン国王・王妃の来駕

この実験場のハイライトは、なんといっても、スウェーデンのグスタフ国王と王妃をお迎えしたことであった。

国王の来日日程には、当初予定になかったことであったが、お隣の扇島にある日本鋼管のご視察が予定に入っているのを林が知り、関係先に要請して、急遽その続きにＨＳＳＴの施設に来訪されたのであった。

前にも述べたように、粗末な建物と実験軌道のところに国賓をお迎えすることになり、観覧台に幕を張ったり、テントをきれいにしたり、警察との打ち合わせなど、あわただしかった。

当日はパトカーに先導されて敷地内にお入りになった。施設の入り口のところで、当社の車がパトカーを先導することになっていた。私もこの車に乗って観覧台のところまでご案内した。

観覧台の下には朝田社長が出迎えられた。ＨＳＳＴの開発に反対であったこの方は、これまで一度も来られることはなかったが、今回初めてこの施設に見えたのであった。
心中複雑であったと思われるが、外見からは判断できなかった。

国王と王妃が観覧台に上られると、まもなく実験一号機がスタートした。時速二〇〇キロの速度なので、遠くに見えていた一号機はいつの間にか目の前に現れ、シャーという風切り音を残して、あっという間に過ぎ去ってしまった。

終点から格納庫に戻るときは、時速一〇〇キロで走るので、比較的ゆっくりと目の前を過ぎてゆく。

走行が終わると、私は観覧席のところに残り、先導車には、私の代わりに格納庫での仕事がある遠藤武一に交代した。遠藤は航空機搭載の電子機器のエキスパートで、ＨＳＳＴでもこの関係の仕事をしていた。

格納庫のところでは、中村が浮上システムの説明をして、王妃にこの機体を手で押してみませんかと話した由である。

一瞬こんな重いものをと、不思議そうな顔をされたが、白い手袋のまま、そっと機体を押された。浮上していた機体は、音もなくすーと動いたので、吃驚しておられたそうである。

浮上していると、抵抗がほとんどなく、重さ一トンもの機体が簡単に動く。だから、女性でも子供でも簡単に動かすことができるのである。

機体と軌道とが接触していないと摩擦係数がゼロというのと同じである。普通の車両は、車輪と線路との摩擦があり、これが抵抗になるので、動かそうとすると相当な力が必要になるが、浮いている機体は当然のことだが、摩擦が全くないのである。

このことは摩擦熱によるエネルギー損失を全く考えなくてよいことを意味している。走行時に要するエネルギーは、推進力の他には、機体の浮上に要するエネルギーと、走ることによって生ずる空気抵抗のみなのである。この空気抵抗は高速になればなるほど急速に増大するので、極力空気抵抗の少ないように形状を設計することが必要になる。

このあたりは、航空力学の分野なので、中村の得意とするところであった。

ある時こんなことがあった。

羽田に行くと中村が、

「国鉄の超電導技術開発部門からのアプローチがありましてね」と話し始めた。

私たちは一瞬どきりとした。まだそんなに彼らと仲直りをしてはいなかった頃だったからである。

「その内容は、今度、新しく車両を作るのであるが、形状について私の意見を聞きたいというのですよ」

「それでなんと返事したのですか？」

「うん。いいですよと答えておいた」

「それでいいのですか？」

「別にかまわないでしょう。航空力学の問題だから、その道の専門家に聞けば同じようなものですから」

「こちらのノウハウが漏れることはないのですか？」

「HSSTの機体の形状をみれば、どんな構想で設計しているかは、分かっていると思うし、一般に公開実験をしているから秘密にしておくこともありませんよ」

という話であった。

洗練されたHSSTの形を見て、国鉄の技術者が空気抵抗を小さくするために、中村の意見を聞きたいというのは、彼の能力を高く評価していたからであろう。中村には、上杉謙信の「敵に塩を送る」という故事よりも、同じ技術者仲間という意識の方が強かったように思えた。

この後、しばらくしてからのことであった。

日本で国際磁気浮上学会が開催された。この学会のスケジュールの中に、日本航空の東扇島実験場の見学が予定されていた。

この学会は、常電導磁気浮上式だけでなく超伝導磁気浮上式も一緒の学会であったので、国鉄も参加していた。

常電導方式と超伝導方式とでは、その基本となる技術が全く違うので、お互いに交流ということは特になかったが、国鉄側から東扇島の見学参加の申し入れがあった。

学界メンバーとしての申し入れなので、事務局に参加希望を出せば、済むことではあったが、これまで日本航空とは何かにつけて対立関係にあったので、私どもへ打診があったのである。

これは了承したのであるが、その折り、宮崎県延岡市にある国鉄の実験場での試験車両試乗の希望を伝えた。

先方も了承して、先方の都合の良い日に延岡を訪問した。

ここにある実験車両は、東扇島にある二号機と比べると、格段に大きい実験車両であった。走行速度もその頃でも時速三〇〇キロを超えていたと思っている。

バンピングの制御もできているようで、乗り心地は悪くなかった。

ただし、車両に乗る前に、機械式腕時計や、磁気カードは持ち込まないようにとの注意があった。客室内でも相当強い磁気が出ているので、狂うと困るからである。

降車後、誰かが持っていた磁気カードには異常はなかったが、腕時計の方は、デジタル式に比べると、約一〇分ほど遅れていた。やはり、強力磁場の影響は免れないようであった。最近は多分改善されていると思うので心配はないと思うが、当時はそんな具合であった。それほど磁気遮蔽は、電波の遮蔽と違って厄介である。

ＨＳＳＴのような常電導方式では、発生する磁場が、超伝導方式に比べるとかなり小さく、かつ磁気は鉄レールとの間に集中するので、客室内にはあまり影響がない。普通の電車とそう大差ない数値である。このあたりは常電導方式の強みである。


いよいよこの実験場での目的である時速三〇〇キロに挑戦することになった。この実験に成功することが目的であったのである。

しかし、この長さの軌道では、どうやってもリニアモーター単独ではスピードが出せないのである。できれば、この三倍以上の長さが欲しいのである。短い区間で三〇〇キロのスピードを出すには、補助加速装置（ブースター）をつけるしかないのである。

そのために、防衛庁にお願いして、ロケットを分けてもらうことにした。この交渉に当たったのは森和夫であった。彼は事情を説明して、防衛庁からロケットを分けてもらい、その使い方についても教わった。

　このロケットを取り付けるために、機体の後部を一部改修した。ロケットを使って、途中の加速を早め、この短い軌道で時速三〇〇キロのテストを行い成功したのである。

　このロケットによる加速量を計算し、何本使えばよいかを決めたのは、大石明であった。初めの計算よりも実際の加速力は大きくて、充分補助加速用としての役割を果たした。

　このテストは、初めはロケットの数を一個から始めた。計算はできていても、ロケットを使うのは初めてだったからである。

　次にはその数を四個に上げた。この四個では二三六・二キロの速度を得た。

　その次には数を六個に増やした。すると二六八・四キロの速度が得られた。

　さらにロケットの数を八個に増やし、加速力を上げた。このテストは二回行った。

　一回目は、二九四・四キロの速度であったが、二回目はついに目標である時速三〇〇キロを超える三〇七・八キロの速度に達した。このようにして、段階的に速度を上げ、安全を確かめながら着々と予定の開発を進めていったのである。

　このロケットは、軌道の長さが足りないのを補うために補助的に使ったもので、その後、装備しているリニアモーターでの加速力があったことを確かめている。

　今私の手元には、この時使用したロケットの筒が記念に置いてある。

上：ロケット点火の瞬間　下：機体後尾に取り付けられたロケット

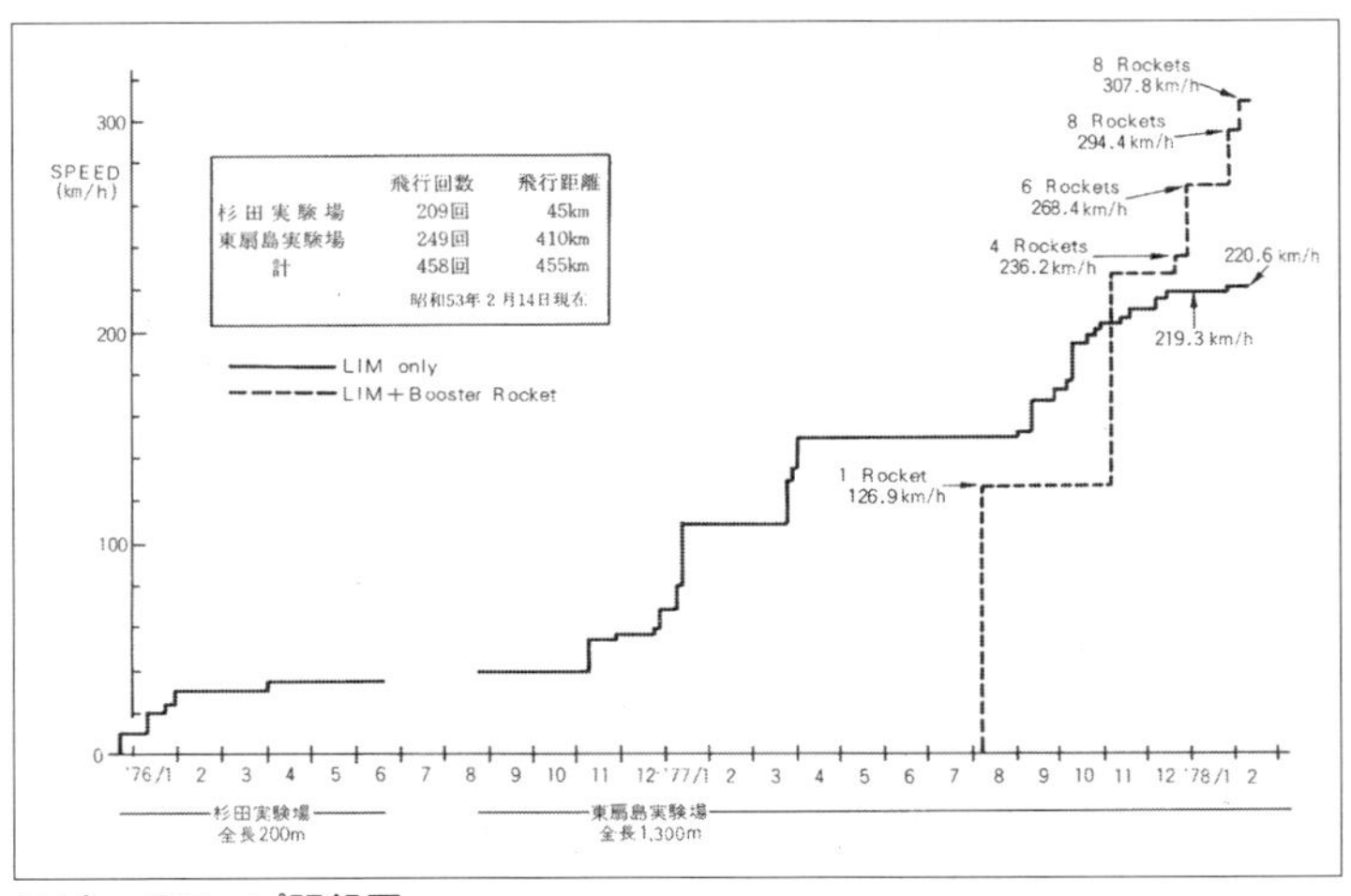

スピードアップ記録図

西澤潤一教授との出会い

電磁石の浮上制御装置では、非常に細かくコイルに流れる電流を調節しなければならない。一〇ミリの間隔で浮いているのが、少しでも狭くなったり広くなったりした時、瞬時にその間隔を元に戻してやらないと、レールに接触してしまい、浮いていることができなくなる。

だから電磁石に流れる電流の調節は非常に神経を使うのである。この制御がうまくできないと、システムとして働かない。二ミリとか三ミリの変動を的確にセンサーで検知して、電流を増やせとか、電流を減らせとかの指示を制御回路に与える。するとそれに応じて回路が作動するのである。

この時一つ問題があった。それは、この電流は直流なので、実際には電流を非常に細かく、ぶつ切りにするのである。パルス状の電流にしてしまうのである。こうすることによって、非常にきめ細かく電流の制御ができるのであるが、トランジスターでは大電力の制御はできない。

パワー・トランジスターを使っても、ここに使う電磁石の電流が大きいので間に合わないのであった。

サイリスターという素子は、大電力の制御ができるのであるが、電流を流したり、止めたりするのに時間がかかり、このシステムでは間に合わないのである。

こんな時、東洋電機株式会社が、ＳＩサイリスターの話を持ち込んできた。電流を流したり、止めたりする作動をスイッチングというが、この素子は非常に早くスイッチングができるというのである。

この素子を開発されたのは、東北大学の西澤潤一教授であった。先生はその頃、半導体研究所の所長もしておられた。

東洋電機では、この先生の指導で、ＳＩサイリスターを製造していると言っていた。この素子は高速スイッチングができるので、電磁石の制御には最適であった。

当時この素子はまだ開発段階で、製品の歩留まり（製品としての完成率）はあまり良くなかったが、私たちには優先的に分けてもらった。

この素子を使うことによって、電磁石の電流制御が改善された。この素子は、パワートランジスターの高速スイッチング性能と、サイリスター大電流制御の性能とを、あわせ持った性能であったのである。

この方式を使ったのは初期の段階までで、横浜博で走ったＨＳＳＴ―二〇〇型の車両や、名古屋の実用車両では、新しいやり方に変わっている。

西澤先生は後に、東北大学学長になられ、文化勲章を受けられた方である。今、道路の交差点で点滅している信号機に使用されている赤い発光ダイオードを発明された方である。

先生は色々な発明をされ、日本は資源のない国なのだから新しい技術を開発していかなければならないと、常日頃仰っている。先生の研究室を拝見したことがあるが、実験装置は全部先生が助手を使って作られたとのことであった。

私は今でも西澤先生を尊敬している。

技術懇談会

東扇島での実験も順調に進んでいた頃、中村が突如入院することになった。病名は胃癌であった。病院や、家族の方は病名を本人には知らせてなかった。今は病名を本人に告知するのが大勢を占めているが、あのころは癌は不治の病だから、本人には知らせないのが普通であった。

ところが仕事の報告がてら、病院に見舞いに行くと、

「どうも僕の病気は癌らしい」

「どうして分かったのですか？」

「医者が病室にカルテを忘れていったのですよ。読んでみたらそう書いてあったよ」

と笑って、

「普通患者が読んでも分からないのだが、私は医者ですからね」

中村は、終戦後、航空機の仕事ができなくなり、医学部に入学し直して、医師の資格も取ったのである。その後、日本航空が設立されたので、医師になるのを止め、日本航空に入社

したと聞いていた。それでカルテに書かれている医師の用語は全部分かったのであった。

こんな折、林が渋い顔をして運輸省から戻ってきた。

「困ったことが起きたよ」

「一体何が起きたのです？」

「運輸省で、ＨＳＳＴの技術調査委員会を計画しているのだ。何で今さらと思うのだが、決定しているらしく、覆せない。人が開発している技術の中身を知ろうというのが、どうも本音らしい」

「そんなことをされたら、これまで開発した中身が、全部競合各社にも分かってしまうではないですか」

「そうなんだ。大分粘ってみたが、取りやめるとは言ってくれなかった。やむを得ず、技術調査委員会には出席しない、懇談会なら応じてもよいと言ってきた。しかし問題はまだある。信さんが入院中であることを外部に知られたくない。開発のリーダーが癌であると知れば、また何を言い出すか知れやしない」

「そうですね。中村さんの入院のことは外部には知られたくないことですね」さらに続けた。「懇談会といっても、資料を提出することになると、たいていのことは外部に分かってしまいます。誰が委員になるのです？」

「学識経験者ということなので、大学教授やその他鉄道技術関係者ということのようだ」

「競合している各社は？」

「彼らは入っていない」

さすがにそこまで露骨ではなかった。それでも会議出席者の誰かが内容を漏らす可能性があることは想像できた。

「彼らは開発の中身を微に入り細に亘って聞くに違いないし、そうなれば技術の流出は避けられそうにありませんね」

「それには特許出願中とか、ノウハウだから話せないと突っぱねては？」

「それがどこまで通用するかが問題ですよ。教えなければ彼らはきっとこう言います。教えられないというのは、まだできていない証拠であろうとね。彼らにしてみれば、どちらに転んでもよいということでしょう。技術の中身を知るか、またはＨＳＳＴを潰せればそれでよいのですから」

「分かった。できるだけ技術が公開されないように提出するものを少なくすることだね。よろしく」

「できるだけそうしましょう」

「ところで信さんは出席できないが、誰が説明者に適当だろう?」
「うちの技術者はみんな正直だから、そのような会議の席上で問いつめられたら、全部喋ってしまいますよ。一度中村さんに相談しましょう」

そういって、二人で中村のところへ出かけた。

できるだけ技術の中身を公開しないで済む方法は、中村にも湧いてこなかった。むしろ中村が思っていたのは、万一彼らがそれを知ったとしても真似することはできないだろうということだった。よほど自信があったのであろう。

それでもこちらの出席者を誰にするかについては、難しい問題だった。個々の技術についてはそれぞれエキスパートがいるのだが、全体の問題を全部分かっているのは中村だけであったから、困ったのであった。

あれこれ相談してみたが、名案が無くて、結局私が出席した方が何かの時に即答しないで済むから、かえって良いのではないかということになった。

話はそういうことで決まったが、私としては大変な役であった。

運輸省から要求された項目について、必要最小限の回答を会議の前日までに届けた。

懇談会は二日間予定されていた。第一日目は林と私が出席した。しかし質問の内容が全部技術の問題だったから、回答は全部私に回ってきた。

まず冒頭に資料の提出が少ないこと、詳しい説明がないことを強く非難された。

このことはあらかじめ分かっていたので、低姿勢で応じた。

質問の中身はさすがに核心をついたものが多く、うまくぼかして話すのに苦労した。

「日航さん、このモジュールの図面は何ですか。この委員会を馬鹿にしたような図面ではないですか」とのっけから怒られた。彼らはやはり、懇談会ではなくて調査委員会の積もりでいたのであった。

林が、

「この会議は調査委員会ではなくて、懇談会なのです」と言ったが、彼らにはぴんとこなかったらしい。

「普通、図面といったら、ちゃんと製作図面、つまり三面図を提出するのが当たり前でしょう。こんなポンチ絵でごまかそうとするのはけしからん」

「まあ、そう仰らずに、分からないところがあれば、その機能についてはご説明いたしますから」と言ったがなかなか納得してもらえなかった。

ついに彼らは、

「図面の提出がなければ、本当にできているかどうか分からないのですよ。本当にできているなら、実物を見せてください」と言って譲らなかった。

大分紛糾していたので、私はどうしたものかと思い、林の顔を眺めたが、彼は何にも言わなかった。

やむなく私は「社内に持ち帰って相談します」と答えて即答を避けた。

磁気浮上システムのことについては、某教授が発言した。

「日本航空方式は、技術的に言って、問題が多いシステムである。逆U字型の鉄レールに電磁石を向かい合わせて浮上と横方向の案内とを同時に行っているのは、どう考えても不合理である。浮上力の損失が大きすぎる。私が考えているようにL型の鉄レールにして、浮上用の電磁石と、案内用の電磁石とは分けた方がよい。ここのところで、日本航空方式は設計がまずいと言わざるを得ない。電力で言っても、浮上と案内を別の電磁石にすると、半分で済む」

と、蕩々とご自分の学説を述べた。この教授は研究室に浮上装置の模型を作り、研究していることはよく承知していた。

東扇島の実験場ができる前、一度、研究室を訪問し、その模型を見せてもらったことがあったので、言っていることはよく分かっていた。そのころは、日本航空に対しても比較的好意的であったが、私たちが東扇島の実験に成功した頃からは、様子が大分変わってきたのであった。

あまりにも高姿勢で、強く非難されたので、すこし私も癪に障り、

「先生のお話は不穏当です」と言った。彼はこいつ何を言い出すのだという顔をしていた。

「先生は浮上用の電磁石の電力のことを言っておられますが、L型の場合、案内用の電磁石に電力を必要とするではありませんか。その分を計算に入れずに、半分で済むと言われるのはおかしいでしょう」と言ってしまった。彼はぎょっとしたようであった。

私は続けて言った。

「トータルシステムの設計というものは、単に一つのコンポーネントの善し悪しだけではありません。たとえば、今問題になっている浮上用電磁石の問題でも、確かにL型レールに対応するように作れば、浮上用電力は少なくて済むことは知っています。しかし逆U字型レールを使うことによって得られるメリットもあるのです。第一に電磁石の数が少なくて済みます。二つのところが一つでよいからです。これは車両の軽量化に役に立っています。またモジュール構造にして、浮上やサスペンションの部分をコンパクトにできます。これも軽量化に役に立っています。このことは浮上用電力が少なくて済むことを意味して

います。だからシステム全体で考えた場合、先生が仰るようにL型の二倍の電力を必要とするということは当たらないと思います。また鉄レールもL型のものに比べて、使う鉄の量が少なくて済みます。これは建設費が節約できるということです。私たちがなぜ、浮上と案内の電磁石を一つにしたかは、ここのところにあります」

さすがに教授は黙った。ややあって、同席した助教授が、

「そうは言っても、L型の場合、案内用電磁石の分も入れても三分の二で済みますよ」と、教授の助け船を出された。

「そうですか」と、これ以上は逆らわなかった。

この時、航空工学の権威である日本大学の木村秀政教授は、

「こういう問題を考えるときには、全体のシステムを考えて、総合的に考えてみる方がよいのではないですか。一つのコンポーネントのメリット、デメリットだけでない方がいいと思います」と、それまで委員の全員が、ＨＳＳＴに批判的であった中で、初めて助けていただいた。

温厚な先生が、ただ一人、このように発言していただいたことに、私は感激した。有り難いと思った。

それまではかなりひどかった。一番ひどかったのは、元国鉄副技師長某氏の発言であった。

「大体、HSSTは推進にロケットを使うではないか。地上の乗り物にロケットを使うなんてとんでもないことだ。沿線のことを考えただけでもシステムとしては成り立たない」と言いだしたのであった。

東扇島の実験場でロケットを使ったことを言い出したのであった。この発言については、私が訂正するまでもなく、別の委員があわてて、

「あれは軌道が短かったため、補助加速に使ったのですよ」と訂正した。

この木村教授の話の後、しばらくしてから、ある委員から、

「システムの構築などを行うときには、色々なやり方を考えて、そのうちどれがよいかを決めるのに、この点ではこれがプラス、しかしあの点はマイナスであるなど、取捨選択しながら、最適要素を導き出すといったトレードオフをよくやりますよね」という発言もあった。フォローしてもらったのであった。

この会議の中で、私は一つ、発言ミスをした。

それはスライディングシューの摩擦係数はいくつですかという質問に対して、

「コンマゼロ一か二です」と答えたことであった。本当はゼロコンマ一か二と言うべき

ところを言い間違えたのであった。ゼロとコンマが前後したため、答えが一桁違ってしまったのであった。

これは、機体がレールの上に着地するとき、うまく滑って着地できるように、すべり板が取り付けられている。そのすべり板の摩擦係数のことである。

帰社したとたん、これを設計した鈴木弘から、

「長池さん、あれはコンマ二ですよ」と言われた。

鈴木は、航空機の油圧系統や、ニューマティク系統担当であった。だからブレーキ装置の技術についてのエキスパートであった。

おそらく会議に出席していた技術担当重役から、訂正するように言われたのであろう。

この日の報告を兼ねて、中村のところに行き、この話をして、明日訂正しますと言った。

しばらく考えていた中村は、

「強いて訂正しなくても良いよ。考えようによっては、そうも言えるから」と言った。

翌日の会議には、私一人が出席した。

会議が始まる前に、運輸省の補佐官が、

「昨日の会議の時、あなたが言った摩擦係数の件は、訂正した方がいいと思いますよ」

と親切に言葉をかけてくれた。そのことについてはお礼を言ったが、中村のこともあったので、訂正するのは取りやめた。

こんな質問もあった。

「モジュールに使っているセンサーの数はいくつですか？」

私は「資料に書いてある通りの数です」と数字を言った。

するとみんなが笑い出した。

笑う理由が何であるかは、ちゃんと分かっていたのであった。

この質問はきっとあると思っていたのである。なぜかというと、一般的に言えば、モジュールの制御のためには、少なくともこの二倍の数が必要なのであった。最初は私たちも多くのセンサーを使っていたからその辺は分かっていた。

「皆さんは、お笑いになりましたが、私の答えは間違っていません。その理由は一つのセンサーで、一度に三次元の加速度を検知することができるからです」

笑いは一瞬にしてサーと消えていった。このことについてクレームを付けたのは、誰であったか私には分かっていた。言いそうなことだと思っていたからであった。

この時はセンサーメーカーの名前や、センサーの名前まで質問が相次いだ。

これまでは一つのセンサーでは一方向の加速度しか検知できなかったので、彼らは三次元方向の加速度を一つのセンサーで検知できるとは思っていなかったのであった。

このセンサーはメーカーに頼んで、特別に開発してもらったものだったから、市場には出ていなかったのである。

この日も、モジュールを見せろという要求が再度出された。

日航から出席していた某役員が、

「見せたらどうですか?」と私の方を向いて言った。

「持ち帰って相談してみます」と言って確約しなかったら、自分が言っているのに「はい」とは言えないのかといった顔でこちらを見ていたが、モジュールをこの人たちに見せるわけには行かなかった。なぜかというと、現物を見せて説明することは、設計図を見せるよりも悪いのである。現物を見ると、その仕組みの重要部分がすぐ分かってしまうからである。

あれやこれや、ここに挙げなかったこともいろいろあったが、何とか懇談会も終了した。多少問題が無くもなかったが、正直なところ、私はほっとした。約十人もの委員から集中砲火を浴びせられたのだから、注意して返事をしたつもりでも、どこか変なことを言っていないか心配であったからである。

プロトタイプのモックアップ

この頃は実用機用のモジュールをすでに作成しており、
それには電磁石を取り付けていた。
これをテストスタンドに取り付けて、羽田の実験室で
色々テストしている最中であった。
また、ＨＳＳＴ三〇〇型の実物大機体の半分ぐらいの長
さのモックアップ（模型）を木製で作り、操縦室（運転室）
に取り付ける計器や操作ボタン、レバーなどの配置の検
討や、客席の配置などの検討も、実施していた。製作の
手配は、山口英雄が担当して、業者との折衝も行っていた。
だから予算が取れて「ゴー」がかかれば、すぐにでも実
用型機体の製作ができる準備をしていたのであった。

御前会議

私の耳元で、「リーン、リーン、リーン」とベルがけたたましく鳴り響いた。一瞬何が起こったのか、訳が分からなかった。

午後行われる予定の常務会のための資料についての最終打ち合わせが終わり、資料の一部修正を行おうとした時のことであった。

この日は、今後リニアモーターカーの開発をどういう風にもってゆくか、その方針を決める日であった。

つい先ほどまで、中村、林と打ち合わせを行っていた。

私が作成したのは三案であった。一つは実用型小規模開発計画、二つ目は時速二〇〇キロまでの実用型開発計画、最後の一つは従来通り時速三〇〇キロの最終目標までを一気にやってしまうというものであった。

一番目の案を入れたのは、これまで経営管理室と話をしていて、担当次長から、「できれば、小さく作って大きく育てる」方式を何とかとって欲しいという話が何度も出ていたからであった。

所要資金も、数十億から数百億と、三案でそれぞれかなりの開きがあった。私の感触では、第一案の小規模開発計画なら何とか可決していただけるかという思いがあった。だから、この程度の費用で、ここまでできるという表現を用いていた。ところがこの案に対して、中村がそこまでしかできないのではしようがないと、不満を表明した。大きなことの好きな林はすぐさま同意した。

せっかく計画を通しやすく表現したのに、としばらく返事をしなかったが、二人の意向なので、止むをえない。第一案の修正個所は、「ここまでできる」という表現を、「これしかできない」と、修正させられたのであった。

第一案を付加した理由がほとんどなくなってしまうのであるが、修正が決まった以上、やらざるをえないので、その作業に取りかかろうとしたときの出来事なのであった。

部屋に取り付けられているベルが鳴ったのではなくて、私の頭の中で鳴り響いていたのであった。だからこのベルの音は他の人には聞こえず、私にしか聞こえなかった。

いぶかしく思い、ベルが鳴り終わるのを待った。何かの警告であろうとは思ったが、このような警告は初めてのことで、はっきりとは理解できないまま、時間も切迫していたので、修正作業にとりかかった。

常務会の議題も進み、いよいよリニアモーターカー開発計画の議題に入った。

一応の説明が終わったあと、朝田社長が、

「第一案では『これしかできない』とあり、それでは中途半端な開発になってしまう。この際開発はすべて中止した方がよいのではないか」という発言になった。

これに対して担当取締役からは一言の発言もなく、また技術的な見解を述べるはずの担当常務からも何の発言もなかった。

ややあって、発言したのは人事担当の萩原取締役であった。

「長池君のこの第一案は、『ここまではできる』ということなんだよね」と、修正前の文言に近い話に戻してもらった。こういう話になったら、社長の意見を何とか変えることができるのではないかという配慮からであることは明らかであった。

大変有り難かったので、

「はい、その通りです。よろしくお願いいたします」と答えたのであったが、社長はそれには全然取り合おうとはせず、あくまでも資料の文言にこだわり、

「ここにこう書いてある以上、第一案をやっても何の役にも立たない。単に費用の無駄使いになってしまう。開発は中止する。この議題はこれで終わりだ」

と、冷たく宣言されてしまった。

社長に、運輸省から色々話が来ていることは察しがついていた。後で述べるように、リニアモーターの開発補助金を巡って、航空局の監督課長が私を呼びつけて怒鳴ったことからも、上層部に強い圧力がかかっていることは分かっていた。

その理由の一つは、国鉄が開発している超伝導方式のものよりも日本航空が開発している方式の方がより実現性が高いことを承知しており、国鉄のものを生かすには日本航空のものをつぶすのが手っ取り早いと踏んでいたからであった。

この後しばらくしてからであった。西ドイツのハンブルグでＩＦＡ７９の博覧会があった。この会場にクラウスマッファイ社とほか数社の連合で、磁気浮上リニアモーターカーのデモンストレーションがあった。

この時の設計は、クラウスマッファイ社の元の形ではなくて、大分変更されていた。

林はこれを目玉にして、当時、ヨーロッパで盛んだった新交通システムの調査旅行会を企画し、協力会社である建設九社や、鉄鋼メーカー、電機メーカーなどを誘って出かけることになっていた。団長は日大の木村教授である。林はこのような企画はお手の物であった。

ちょうどその頃、ブラジルでＨＳＳＴ売り込みの話があり、はじめは林が調査団を案内する予定だったが、日程の調整が取れず、ハンブルグで彼は調査団に合流することになっていた。

林ほか二名が調査団の日程に先立って日本を離れた。私は留守番だった。

その二日後のこと、担当役員の角替取締役から呼び出しがあった。

「御用だそうですが、なんでしょうか？」

「この間のことだが――」

私には常務会のことだというのがすぐ分かったので、

「常務会のことですか」

「そうだ。あのときはあっさり終わったが、あの後考えてみたよ。ちょっとこれを見て欲しい」

と言って差し出されたのは、リニアモーターカーの小規模開発計画案であった。

「これは取締役がお考えになったのですか？」

「そうなんだ。こんなことでよければ、近いうちにもう一度常務会にかけようと思うのだが、何か問題はないかね」

一見してこの前の第一案に近いものだったので、

「私としては特に困ることはありませんが二、三日考えさせてください」と言って、部屋に戻った。

さてこれをどう解釈したらよいものかと、しばらく考えた。経営管理室がドラフトを書いたのか、取締役自身が書いたものなのか、社長が会議ではああ言ったものの、多少の寛容さを示されたものなのか、判断がつき兼ねた。

ソースが分からないまま、他の人に話すわけにもゆかず、どうしたものか迷った。

それにしても、このプロジェクトの実質的なリーダーである林の不在を承知で私が呼び出されたことが、腑に落ちなかった。

林の不在時に話が決まってしまっていたら、彼の面目は丸つぶれである。それではせっかく会社でゴーをかけても、物事は進んでいかないだろうと思った。

運輸省からこのプロジェクトから林を外せという圧力が強く出ていた頃であったから、余計引っかかったのであった。

取締役にしても、苦肉の策であったことは間違いないのであった。しかし、私はこのような仕事のやり方をあまり好まない性質なのである。

しばらく考えた末、ブラジルにいる林に電話をかけた。中身を話し、良ければこのまま進むし、もしコメントがあれば取締役に話して欲しいと言った。

彼の返事はすぐに東京に戻るというのであった。その代わり、私にハンブルグへ来て、調査団の面倒をみて欲しいということになった。

それで私は翌日ハンブルグへ向かった。あいにく風邪を引いていて、四十度近くまで発熱していたので、体調は良くなかったがやむを得なかった。

私にとって肉体的には苦痛であったが、今回のミッションに参加された方々を案内して、まずはトランスラピッドに試乗することから始まった。

西ドイツの磁気浮上機を見て試乗できたことは後々参考になったし、中村のコンセプトの方が優れていることも分かったのは収穫であった。

その後、各地にある新交通システムを見て回り、パリへ到着した。

パリではちょうど、エアショーが始まっていた。他の人は市内観光に出かけていたが、私は木村教授のお供をして、エアショーを見に出かけた。世界各国から新鋭機が集まっていた。コンコルドも展示されていて、中に入ることもできた。超音速で飛ぶためには、空気抵抗を小さくしなければならないので、胴体の断面積は大分小さくなっていた。確か横一列に四席しかなかったように記憶している。

リニアモーターカーの設計で、高速になればなるほど空気抵抗が急激に増加することを知っていたので、コンコルドの胴体が細く作られている理由がよく分かった。

高速時の空気抵抗は、速度の二乗に比例して急速に増加する。また、胴体の形状としては、

クラウスマッファイ社のテストを視察（別の視察時。台上左から２人目が中村）

先頭部がどの程度流線型になっているかということと、機体の表面積に影響される。

この表面積の大きさが空気抵抗に占める割合は、全体の空気抵抗の七十パーセント近くなる。表面積は機体の断面積に比例するから、コンコルドの機体の断面積は小さく設計されているのである。従って、座席はそう多く作るわけにはいかないのである。

このほか、前進翼といって、翼の先端が、普通のジェット機の後退翼とは反対に、前に出ているのがあった。先生に尋ねたら、それでも同じと教えてくださった。

このショーで驚いたのは、展示されて

いたのは航空機だけではなかったことであった。

航空機に搭載される機銃や銃弾、さらに爆弾も同時に展示されていたことだった。各国はここでこれらの商談のまとめをするようであった。エアショーの一面を見たのであったが、こういうものに慣れていなかった私には、後味の良いものではなかった。

調査団と一緒に帰国して、林に例の話の結果はどうなりましたかと聞いてみたが、返事は「あれは取りやめになったよ」と素っ気ない一言で終わった。

二人の間でどんな話になったかについては、聞かせてもらえなかった。

雪対策

「北海道の雪は、下から吹き付けるのをご存じですか？」

最初、北海道を訪れた私たちに地元の方が、こう問いかけられた。

「はあ、何ですか？」と不思議だったので聞き返した。

「内地の人は雪は上から降ってくると思っておられるでしょうが、北海道では雪が下から吹き上がってくるのですよ。いわゆる地吹雪になるのが多いのです。そこのところをよく知っておいてください」

林、三尋木と三人で旭川へ出かけた時の話である。

私は南国で育ったし東京の生活も長かったが、北国へは技術系人材採用で出かけたくらいで、雪国をよく知らなかった。

最近は東北地方に縁があって、よく出かけるし、特に雪の季節に行くことが多くなったので、雪国のなんたるかも分かるようになったが、当時はあまりよく知らなかった。

津軽では地吹雪も実際に体験したことがあり、地面の方から雪が吹き上げるという意味も分かるようになった。

地吹雪になると、一メートル先も全然見えなくなってしまい、車の場合、雨ならワイパーを動かせば透けて見ることができるが、雪の場合、小麦粉が吹き付けられる感じになるので、怖いくらいの視界不良に陥る。


なぜこんな話になったかというと、旭川の方がHSSTの話を聞いて、旭川空港と市内との交通機関として使えないだろうかとの話が来たからであった。

それで旭川まで出かけたのであった。このあたりは雪が多いし、最低気温も低いので有名なところである。だから、普通の新交通システムは冬季には氷で滑って走れない可能性があり不向きであるとの役所の判断があった由であった。

そのため、浮いて走るものなら使えるかも知れないという呼びかけになったのであった。

旭川市は道路幅が広いし、軌道建設の余地が十分にある道路が多かった。

この地方にリニアモーターカーを導入するには、雪対策、および、氷結防止対策が必要なのであった。

この話に対する答えを用意するために、二つの方策を採った。一つは、実際に旭川市内に、軌道の一部を置いて、降雪時および氷結時の軌道状態を調べ、その対策を講じることであった。

三尋木がテスト用軌道を造り、それに見合う除雪、除氷装置を作り、二年間にわたって現地での実験をした。その際、いちいち現地に行かずに済むように、リモートコントロールのデータ採取を行った。

その結果おおよそ良かろうという結果を得た。この仕事は、大佐古晃が一緒にやっていた。

もう一つは、アメリカのシカゴでの状況調査であった。

シカゴあたりは、自動車工業の中心になっており、車社会の中枢になる一帯である。ところが不思議なことに、シカゴ市内、および近郊には、多くの鉄道が走っているのである。

ここは五大湖の一つ、ミシガン湖の西岸にあり、冬季は寒く、雪の多いところである。

ここを紹介し、調査のアレンジをしたのは秋山慎一郎であった。彼は以前ここに駐在していたことがあったので、状況をよく知っていたのであった。

目的が目的なので、気候の良いときに行ったのでは何にもならない。厳冬期でないと意味がないのである。一番寒い時を選んで調査に出かけた。

市や鉄道関係者も快く受け入れてもらい、つぶさに凍結防止や降雪時の対策を見せてもらった。

降雪時には軌道の上を走る除雪車を出動させるのであるが、これは日本でも同じである。

参考になったのは、線路の凍結防止策であった。特に、スイッチング（分岐部）の凍結防止であった。ここのところに、雪が付着して凍り付くと、分岐が作動しなくなって脱線の原因となり、大変なことになる。

それで、ここには入念な対策が施されてあった。それは凍り付いた雪を溶かしてしまおうと、線路に沿ってヒーターを取り付けてあったのである。しかもそのヒーターは日本製であった。思わぬところに日本製品が活躍していた。

この装置は有効なので旭川での実験に応用して成果を得た。リニアモーターカーの場合、軌道上を走るとリアクションプレートが発熱するため、ある程度の積雪は溶かすが、夜間運休している時は氷結してしまうおそれがあるので、このような除氷装置は必要となる。

シカゴでも、市内から空港までのアクセスとして、高速鉄道の計画があったので、提案してみたが、まだプルーブン・テクノロジー（正式に認可された技術）ではないということで、見送られた（この時は、横浜博以前の話であった）。

アメリカ四方山話

ニューヨークで

シカゴで知り合った方の紹介で、ニューヨーク市を訪問した。

ここは世界一の大都市であり、ここに乗り入れている航空会社も数多い。したがって、空港も、ＪＦケネディ空港の他にいくつかある。その一つに、ニューワーク空港がある。ここの空港内アクセスや市内とのアクセスにどうかというのであった。

空港内には、すでに小型の新交通システムが導入予定であり、すでにその軌道が一部作られていた。この軌道はやや狭く作られていて、ＨＳＳＴには、手直しの必要があった。出来上がっている軌道のやり直しまではできなくて、この話は成立しなかった。

この話に関連して、港湾局のヘリコプターでニューヨーク上空を一周し、自由の女神像のところまで行っていただいた。この像は、上空から見ると、周辺の島々とマッチして素晴らしい。

ヘリコプターが着陸したのは、ツインタワーのそばであった。

そして、ツインタワーの最上階にある、ニューヨーク・ニュージャージーのポートオーソリティー（港湾局）の部屋で、色々ディスカッションをした。

そのときもらったペーパーウエイトが、今も私の机の上にある。思い出の品である。

九・一一の自爆テロで、このタワーは崩落してしまった。

私は、日本航空に入社してから数年間、航空機の整備をやっていたが、そのころ、深夜航空機の点検をやっていた。一日飛んできた飛行機が、翼を休めているのに接していると、つい、ご苦労さんと言いたくなるものである。

生き物ではないが、そんな感情が湧いてくるのである。亡くなられた方に哀悼の意を表するが、飛行機が、タワーに突っこんで、壊されるというのは、飛行機も可哀想と思えた。

これらの飛行機は、もっと空を飛んでいたかっただろうと思えた。これは飛行機を実際に毎日触っていた人にしか分からない感情であろうか。

最近は、新しいビルが建設され、昔と変わらないようなことになっている。

ワシントンで

ワシントンには、スミソニアン博物館がある。この博物館は、ジャンル別に大きな建物が分かれていて、収蔵されている数も膨大なものである。ワシントンでの仕事が一日延びたので、ぽっかり穴があいた。それで、以前、中村に聞いていたスミソニアンの科学博物館へ行った。

ここには、飛行機の開発の歴史が、実寸大のレプリカも含めて、多く展示されている。ライト兄弟が飛んだ飛行機もあるし、その後の初期の複葉機も天井から吊して、数多く展示されていた。

ここには月探査に行ったロケットのカプセルも展示されていた。そして月で採取された石がいくつも展示されていた。この月探査の模様は、日本のテレビでも中継されたことがある。宇宙飛行士が、月に降り立ち、まるで飛んでいるようにして歩いていたのが印象的であった。月の重力は地球よりも大分小さいので、こういう歩き方になるのである。

この石は、岡本太郎の太陽の彫刻で有名な大阪万博の際、アメリカ館に展示され、この時は、これを見るために数時間待ちの行列ができたほどであった。

スミソニアン博物館では、この月の石を飾ってあるケースは、いくつもあって、待ち時間なしで、すぐそばで見ることができた。

博物館を出てから、町中の本屋で、周辺地図を探していたら、一人の日本人が近寄ってきて、話しかけられた。

「こんにちは。日本の方ですか?」

「ええ、そうですが何か?」

「私はこういうものですが、三ヶ月ほど前からこちらに来ています」

と、名刺を渡された。神奈川県のある大学の先生であった。

「そうですか。私は出張で、昨日こちらに来たところです」

「日本の方とお見受けしたので、つい日本語を話したくなりましてね」

「そうですか。ご家族は?」

「私一人こちらに来ています。ここにある大学と、私のいる大学とが交流していまして、交換教授という形で、こちらに来ているのです。周りに誰も日本語を話す人がいなくて、しばらく英語だけで過ごしています」

「それでは、日本語を話す機会もありませんね」

といった他愛もない話をしたのであった。

私としばらく話をして、ほっとした様子であった。外国に何ヶ月も一人でいて、日本語を話す機会がないと、こんなこともあるのである。

フロリダにて

ディズニーワールドは、世界的に知られたレジャーランドである。

ここには林と一緒に行く予定だったが、急に予定が変更になり、私だけ一日早くフロリダにあるディズニーワールドに着いた。

ここへ来る人たちはほとんどが家族連れで、私のように一人で来る人はいなかった。

夕食のため、ホテルのレストランへ行くと、ウェイトレスが
「家族の方は後でみえるのですか？　何人の席を用意しましょうか？」

「いや、私一人です」

「本当に？」

と、不思議そうな顔をした。

「本当なのだ。今日は一人ですよ。明日は連れがくるよ。ビジネスでね」

「おやまあー。お気の毒に」

と言いながら、小さいテーブルへ案内して、しばらく話し相手をしてくれた。

このようにレジャーランドに一人で来る人は、ほとんどいない。周りの席は、家族連れで一杯でにぎやかな話し声と笑いで満ちていた。

ここへ来たのは、ここにもリニアモーターを使った乗り物があると聞いたのと、新しいゾーンへの交通手段を考えていると聞いたからであった。

それがどんな乗り物であるかを知るためであったが、遊びの場なので、ごく簡単なものであった。モーターの一次側をコースに沿って飛び飛びに埋め込んであり、そこをカップのような乗り物が、飛び石づたいみたいな感じで走っていた。

ここは敷地が広く、色々なゾーンがあり、それぞれを結ぶために、モノレールが走っていた。ここにあるモノレールの車体は、日本にあるモノレールの車体とは違っていて、横四列の座席の両サイドから十個ほどあるドアが、一斉に開く構造になっている。

乗客は、そこからそれぞれの座席前をスライドしてプラットホームに出ることになる。乗る時も同じように横の方から座席に座り込むことになる。こういう作りのドアであれば、乗り降りの時間が少なくて済む。その代わり、通路がないので立ち席は取れない。

レジャーランドだから作れる車体である。アメリカでも一般の交通機関では、このような車体構造は作られていない。

会社の人と話をしたら、新しくできるエプコットセンターへの足として、リニアモーターカーを導入したいとの意向があった。残念ながらこの時期、他のことで忙殺されていて、手が出なかった。

この時の出張は、寒い東京から、暖かいロスアンジェルスへ飛び、ここで乗り換えて今度はマイナス三度のワシントンへ行った。次にまた暖かいフロリダへ行き、フロリダから今度は、五大湖の一つエリー湖のそばにあるクリーブランドへ行った。ここでは湖岸が氷結していた。ここからサンフランシスコへ飛び、日本へ帰るというスケジュールで、暖かいところ、寒いところ、また暖かいところ、再び寒いところと、一日から二日で旅をしたので、気候についていくのに、大分悩まされた出張であった。

ある時、おもしろい手紙が舞い込んできた。アメリカの人でマジシャンであった。マジックに、磁気浮上の技術を使いたいので、教えてほしいという手紙であった。磁気浮上を使えば、目に見えるところに何も仕掛けがなくて、ものを宙に浮かすことができるからである。

磁気浮上は遊びではなく、もっと本質的な技術として使いたいので、この話は丁重にお断りした。

NSドキュメント

アメリカの電機メーカー、ウエスティングハウス社から共同開発の話があった。

当時、同社では敷地内に、新交通システムの軌道を造り、車両も製造して、トータルシステムとして完成をはかっていた。

要請に応じて、技術者と一緒にピッツバーグにある同社を訪問した。

車両が何台も製作されており、テスト用の軌道も長いものができていたと記憶している。

この共同開発をどういう分担でするかについて、中村と林と三者で相談したことがあった。

そのとき私が使ったのが、NSドキュメントと称される中村が作成した技術検討書である。NSは磁石のN極S極のことであり、これと、中村のイニシャルSNを逆にしてもじってある。

このドキュメントは、驚くほど詳細に細かいコンポーネントまでの項目がきちんと整理されていた。

だから一つ一つの項目を完成させてゆくと、全体が完全に出来上がることになる。

このドキュメントを使って、私は分類表を作成し、この項目は日本で、あの項目は米国でという区分をした。

そして、どの項目をどこにやらせるかを、この分類表によって、判断し、決定することができるのである。

この時のウエスティングハウス社との話し合いは、不調に終わった。

それはどの部分を日本航空側でやり、どの部分をウエスティングハウス社で分担するかという仕事の区分けのところで、合意が成立しなかったからである。

車体設計については、中村独特の発想があり、日本側でやるつもりであったが、ウエスティングハウス社が車体は是非自分のところでやりたい意向が強く、残念ながら共同開発することはできなかった。

NSドキュメントの中には、実験の成果も示されている。さきにコンコルドのことを述べたが、そこで説明した空気抵抗のことも、日本飛行機（株）の風洞を使い、大石がデータを取っているが、それをきちんと整理してあって、先頭部をどういう形にしたらよいか、胴体の断面積をこれぐらいにしたら、どれだけの空気抵抗が発生するかについても、記述されている。そこから、リニアモーターの推力をどれくらいにしたら、目標速度に到達できるか、の計算ができるようになっている。これは一つの例である。

技術開発の途中にありながら、すでに全体の細分化された技術のまとめができていたのであった。

少ない要員でも、開発をどんどん進めて行けた要因の一つには、NSドキュメントを使った彼の開発のやり方にあったと思う。

基本になるのはこのドキュメントであるが、これにリストアップされているそれぞれの項目を一つずつ解決してゆくと、開発が完成するのである。

そのために、研究者一人一人にテーマを与えて研究させていた。だから技術者たちは与えられたテーマに対して、自分の研究成果が出たら、それを中村に説明して次のステップに進むことになっていた。

解決できない場合でも、その経過を説明して、次にどのような方向へ進むかの相談や指示を待っていた。だから中村のところには、いつもその順番を待っている人たちがいた。

このような技術者の一人一人の個性や、能力にあった技術指導をしていたのである。

この研究開発の方法に関しては、会社の職制はほとんど関係がなかった。管理職の人も、若い人も、研究のテーマに関しては、同じレベルで話し合っていた。

だから個人の自由な発想ができ、その能力を発揮できたのであった。こういうことができたのは、資質の高い技術者たちが集まっていたからである。

開発という仕事は、音楽に似ているように思える。作曲者が譜面を書き、それを指揮者がどのように演奏するかを考えて、オーケストラの各パートの演奏者に伝え、それを一人一人が自分のパートをきちんと演奏して、初めて素晴らしい音楽（交響曲）が生まれるのである。中村は作曲者と、指揮者を兼ねていたように思う。


もう一つ、直流三〇〇〇ボルトの問題を取り上げてみたい。

中村の構想の中には、リニアモーターカーの電源として、直流三〇〇〇ボルト給電というのがあった。元々は直流六〇〇〇ボルトから出発していたが、機器の製作上、若干問題があり、三〇〇〇ボルト給電から始めることになった。

日本の電鉄では使用していない高電圧である。通常は直流の場合、一五〇〇ボルトが一番高い電圧である。

それを三〇〇〇ボルトにしたかった理由は、電圧を高くすることによって、同じ電力を得るのに半分の電流で済むからである。電流を多く流すと、その分電圧降下が大きくなる。

同じ電力を得るには、電圧が高ければ高いほど良いのである。

また流れる電流が少なければ、送電用トロリー線の断面積も、小さくて済むのである。

では、直流でなく交流にすれば、高い電圧でもかまわないのであるが、交流は直流に比べて送電時の電圧降下が大きいのである。

それに加えて、リニアモーターの制御をＶＶＶＦインバーターでやろうとすると、トロリー線から取り込んだ交流をいったん直流に直してから使うことになるので、そのための搭載機器が増えるなどデメリットもある。どちらで設計するかは、トータルシステムとしてのトレードオフを考えることになる。

中村は、直流三〇〇〇ボルト給電を選択したのである。

これは、時速三〇〇キロで走る場合を想定しての条件であった。時速二〇〇キロ以下であれば、ここまでこだわらなくても設計できると思うが、当初目的の時速三〇〇キロ用の電源としては、この電圧が望ましかったのである。

メーカーに訊ねても、日本の規格にないものであるので、どこにもこの規格に合う機器は作っていなかった。

絶縁用の碍子はその気になれば作れるが、問題は直流遮断器（サーキットブレーカー）であった。直流の遮断器は交流の場合と違って、相当難しいのである。

直流の場合は、交流の時と違って、急に電流を遮断すると、アークが飛ぶ。このアークをうまく処理しないと、電流を切ることができないのである。このアークを処理するため、遮断器には一種の蓋（フード）が付いている。高圧になればなるほど、このアークの処理は厄介である。

日本にない機器なので、住友電工と一緒に日本航空に協力してもらっていた日新電機に相談してみた。同社で探してもらったら、イタリアとベルギーで高圧三〇〇〇ボルト用の遮断器を製作していることが分かった。

そこで急遽、イタリアで調査することになった。この時は日笠佳郎、鈴木清昭にも同行してもらい、日新電機からは部長の宝居繁美にも同行願った。

鈴木は航空機の電気装備品のエキスパートであったから、ＨＳＳＴの重電関係の仕事をしていた。

イタリアでは国鉄の高速列車にこの直流三〇〇〇ボルトを使用していたのである。イタリア国鉄については、日本航空のローマ支店を通じ、電源設備や車両内部の配電状況などの視察の申し入れをしてもらった。快く受け入れてもらい、まずこちらの方を見ることにした。

実際に運行している車両について見せてもらった。車内の高圧配電盤で、碍子の間隔を見てみたら、予想していたよりもその間隔が狭かったので、この程度の絶縁間隔で済むなら、やれると思った。

また遮断器の配置状況なども分かった。大型の機器なのでスペースは取っていたが、この程度で済めばHSSTでも搭載できると思った。

一方、機器の製造会社は、ミラノにあるアンサルド社と言ったと思うが、ここでは各種の遮断器が製造されていた。イタリア国鉄には、ここの製品がほとんど使用されているようであった。

ここではさらに高圧の直流六〇〇〇ボルト用も製作していた。それは、近々イタリア国鉄が六〇〇〇ボルト送電を考えているからとのことで、直流遮断器は注文して半年か一年の内に納入できるという話であった。


ミラノでの仕事が終わり、ほぼ満足できる結果を得たので安心した。

仕事が終わったので、ここにあるあの有名なレオナルド・ダ・ヴィンチが描いたキリストの最後の晩餐の絵がある教会へ行ってみた。残念ながら、この時は仕事の後で、夕方になってしまい、その教会は閉まっていて、中に入ることはできなかった。

この数年後、ヨーロッパ旅行の時に再びミラノを訪れ、この教会に行く機会に恵まれた。

この教会は、第二次世界大戦の折り、連合軍の爆撃を受け、破壊されたそうである。

ところが非常に不思議なことに、このダ・ヴィンチの絵がある壁面だけは壊れないで残ったということであった。

神のご加護があったのである。

戦後、この教会も修復され、絵の部分もくすんでいたところに絵の具を加え、描かれた当時に近いものに復元されていた。

名工が描いたこの最後の晩餐の絵は、何か心の奥に染み渡るような不思議なインパクトを与える絵であった。ダ・ヴィンチの偉大さがよく分かった。

ダ・ヴィンチのもう一つの有名な絵は、ルーヴル美術館にあるモナ・リザの絵である。不思議な微笑をたたえたこの絵も、何か引き込まれるような魅力を持っている。


この後、ベルギーにも同様な直流遮断器があるので、そこも訪れた。結果はアンサルド社の方が、私たちには向いているようであった。

結果的にはこの直流遮断器を製作するまでには至らなかったが、開発の途中にあってもこのように中村は先のことを考えていたのであった。

その昔、国産航空機YS—11のメンテナンス・マニュアル（整備作業基準書）をまとめ上げた手腕は、NSドキュメントに系統だってきちんと分類して記述してあり、ここに発揮されていたのであった。

たとえば車両のシステム区分についても、まずこのシステムの製作の基本原理から始まって、高速性能、静かさ、乗り心地、低エネルギー性などの特徴、浮上装置の原理、案内方式、所要電力等々、また推進装置、モジュール構造など、総てが網羅されていた。

車両のシステム構成は九に区分され、それが九十以上の項目に細分化して述べられていたのであった。

中村はこのように全体像をはっきりとまとめ上げた上で、細かい開発項目を一つずつ丹念に解決していた。

この資料は、彼が日本航空を退職した後、多く追加された箇所もあり、貴重なものなのであるが、残念ながらこの資料は現在どこにあるのか分からない。

中村がその後、相沢に渡したふしがあったので彼に聞いてみたら、退職時に全部会社に置いてきたと話していた。その会社も今は解散しているので、資料は行方不明である。

日本航空の方針でこうなったのだからやむを得ないのであるが、大変残念なことである。

通産省補助金と運輸省

日本航空は、路線認可、事業計画など多くの点で、運輸省の認可を必要としていた。だから何かをやろうとしても、運輸省の了解を得なければ、あまり自由な発想で何かをやることはできない会社であった。

その一例を挙げると、リニアモーターの開発に絡んで、ある事件が起きた。

事の起こりは、通産省工業技術院の補助金を巡って運輸省からクレームが出たのであった。

工業技術院には、産業育成の目的もあって色々な技術開発を援助するための補助金制度がある。リニアモーターは、普通の回転型モーターと同じように電気製品であるので、このモーター単体の開発に関して言えば、通産省の所管になる。

それで、工業技術院へ行き、リニアモーターの開発に補助金を出していただけないかと申請をした。

この窓口は、航空機武器課が担当するというので、説明にそちらに出向いた。航空機は馴染みの名前であるが、武器課は一般人のイメージではちょっと身構えたくなる名前である。しかし、ここの方は親切な方であり、私の話も良く聞いていただき、理解も早かった。一般的に、運輸省は許認可権を持った役所であり、通産省はどちらかと言えば民間の産業育成に力を注いでいるという印象であった。

説明を聞き、大筋は可能と判断するが、日本航空は運輸省の管轄下にある会社であるから、運輸省の了解を得てほしいと言われた。

この申請に先だって、運輸省の諒解は林が取り、私が通産省の方を担当することになっていた。

工業技術院への補助金申請の諸手続が済み、補助金交付の内示があったのであるが、運輸省の話が少しも聞こえてこなかった。林に尋ねてもはっきりした返事はなかった。

一体どうしたのであろうと思っていたら、突然私のところに、即刻出頭するように、航空局監督課長から呼び出しの電話があった。

私を指名しての電話であった。これまで、このプロジェクトに関する窓口は、大臣官房であって、監督課には一度も行ったことはなかった。

課長は私の顔を見るなり、突然怒鳴りだした。

「運輸省の諒解もなく、通産省に補助金の申請を出すとは何事か。即刻取り下げてしまえ。第一、日航がリニアモーターカーを開発すること自体けしからん。君がやりたければ会社を辞めてやれ。日航は、自民党を頼りにしているようだが、自民党がいつまでも政権の座にあるとは限らない。そんな自民党を頼りに、運輸省に一言の断りもなく、通産省にまで圧力を掛けるとは、一体どういうことか――」

と、口汚く怒鳴りだしたのであった。この話の時、私がここへ来る前に、すでに秘書室の政策担当の松末が来ていて、この話を黙って聞いていた。なぜ彼がここに来ていたのかその理由は、はっきりしなかった。その場で彼とは何も話はしていない。

そんな暇もないほど、早口でまくし立てられたのであった。それまでは、運輸省も内諾しているであろうと思っていたので、呆気にとられて、返事をするのも忘れていたら、課長は言うだけ言ったら、

「もう帰っていい」と言った。

何とも不愉快なことであったが、ここで事を荒立てるわけにも行かず、黙って帰るしかなかった。

帰社してから、この経緯を文書にまとめ、林に渡した。彼はそれを副社長のところへ持って行った。しばらくしてから、秘書室から呼び出しがあり、私は副社長の部屋に入った。

副社長は机の前で私のレポートを読んでおられたが、読み終わると、

「きたか」と何時もの物静かな調子で言われたが、それからしばらく沈黙が続いた。

しばらくしてから、

「運輸省では誰かそばにいなかったかね？」と、尋ねられた。

「松末氏がいたことは気が付きましたが。他に知った人はいませんでした」

「そうか。判った。このことは誰かに話したか？」

「いいえ。このレポートを林氏に話しただけです」

「判った。ではこのことはこれで終わりにして、忘れてくれないか」

副社長が何を心配しておられたか、判ったので、

「承知しました」と言って部屋を出た。

この監督課長の発言は、問題の発言であったから、その影響を心配されたのであった。

この後、監督課長はすぐ更迭された。誰かが自民党に言い、自民党の逆鱗に触れたのであろう。私は誰が言ったか特に詮索はしなかった。

運輸省の調査委託研究

東扇島での実験が一段落した頃の話だった。

突然、運輸省大臣官房から呼び出しがあった。一体なんだろうと思って出向くと、計画官が、

「一億円の規模である実験をしてほしいのですが」

「いったい何のことですか」

「いや、省内で話が出てね。国鉄の超電導とお宅の常電導との比較というわけではないのだが、それぞれの技術開発の中で、まだ確かめられていない部分について、運輸省として知っておきたいことを確認したいのですよ。それで、国鉄と日航にそれぞれ委託研究をして欲しいということになったのです」

「内容をもう少し具体的に話していただけませんか?」

「これまでの実験でまだやってないことがいくつかあるでしょう。これをやって欲しいのですよ。大きなものは、一つはカーブ走行で、もう一つは勾配部の走行です。カーブは

高速で通過する大きなカーブと、低速で通過する最小カーブの二カ所のテストです。また、低速で通過する勾配部の走行テストです。それと合わせて、時速三〇〇キロ走行時のリニアモーターと浮上制御のデータが欲しいのです」

「わかりました。条件は何かありますか?」

「期間は六ヶ月つまり今年度末までで、運輸省の委託研究という名目でお願いしたい。そして費用は一億円です」という話であった。

この実験をするには、大がかりな軌道の改造を必要とするし、どんなに急いでも、それだけで半年はかかってしまう。

それから走行実験を開始し、データをまとめるとなると、さらに二~三ヶ月はかかってしまうだろうと予想できたので、

「もう少し余裕は取れませんか」と頼んでみたが、

「年度内予算で処理するので三月末は延ばせないのです」という答えであった。

この時すでに十月に入っており、六ヶ月をすでに切っていた。

「とりあえず持ち帰って相談します」と言って、運輸省を後にした。

早速、中村と林にこのことを相談した。

中村は、

「運輸省の言う実験はやっておくと役に立つ実験であるし、外部に向かっても発表できるデータになりますよ」

「それでもかなりハードなスケジュールで、スムーズに行ってもぎりぎりできるかどうかという短期間ですよ。軌道の改造工事だけでも相当難しい計画になりますし」

「運輸省も無理なことを言うもんだ。できないのを承知で言っているのではないか」

と林は疑問をぶっつけた。

「私もそう思っています。できないと断れば、やはりあそこの技術はまだ本物ではないというに決まってます。その辺は見え見えです。それにカーブ走行と勾配部の通過という話は、某教授がHSSTの悪口を言うときに、あのシステムではカーブは曲がれないとか、勾配部はレールに触って通過できないとか言っていることを聞いてますから、おおかたその辺から出た話でしょう」と私は言った。

あれこれ三人で話した後、ついに私は言った。

「中村さん、軌道の改造工事は業者に頼んで何とかしますが、走行実験にはどの程度の期間が欲しいですか?」

「そうですね。最低二ヶ月、データの整理も含めて最低二ヶ月は欲しいです」

「分かりました。では改造工事は一月末までに済ませれば何とかなりますか?」
「たぶん大丈夫でしょう」と中村は答えた。

まず、軌道の改造工事であった。改造工事に関わる業者の人に来てもらい、趣旨を話して、工事を何とか間に合わせて頂きたいとお願いした。最初はみんなしらけた顔で、とてもそんな短期間にはできそうもないと言っていたが、最後には、最大限の努力をしましょうと、協力を約束してもらった。
協力は取り付けたものの、工期が非常に短かったので、期間内に出来上がるかどうかについては、心配であった。しかし、意義のある実験だったので、少々の無理は承知の上で、トライしてみることになった。

それで私は早速大臣官房へ赴き、計画官に
「お受けできます」と答えた。
計画官は驚いた様子であった。多分、辞退するという返事を私が持って来たと思っていた様子であった。
「本当に受けて大丈夫ですか? もしできなければ、あなた方だけでなく運輸省の責任問題も起こるのですよ」

「何とかやります。ご迷惑はお掛けしません」

そして委託研究の受託に関する書類を提出した。委託調査には、これらの他にも、多くの項目が含まれていた。


運輸省の要求を満たすためには、一三〇〇メートルの軌道では、どうしても足りなかった。できればあと六〇〇メートルほど欲しかった。しかし、六〇〇メートル延長するとなると、一億円という予算では足りなかったし、軌道長が長くなることは、工期も長くなることを意味していた。正味五ヶ月あるかないかという短期間の実験を考えるとき、そこまで延長はできなかった。

川崎市へ行き、運輸省委託実験の話をして、さらに借地の拡張をお願いしたところ、港湾局でもよく理解してもらい、借地拡張の件は了解してもらった。

それで、これまでの敷地一三四一八平方メートルが、三五〇五平方メートル増えて、一六九二三平方メートルになり、軌道の長さも三〇〇メートル長くなり、一六〇〇メートルの軌道を造ることになった。

工事は、まず延長部の地盤改良と、高速通過用の曲線部の改造から始まった。約九〇〇メートルのところから、一三〇〇メートルの間にあるベースコンクリート（コンクリート桁の下に敷いてあるコンクリート板）を撤去した。次に、新しく設計した曲率二〇〇〇メートルのカーブに沿って、新しく作ったベースコンクリートを敷き、その上に元のコンクリート桁やレールなどを移設した。同時に給電用のトロリー線も取り付け直した。

ここに用いる桁や鉄レール、リアクションプレートは、カーブに沿うように新しく作り直しはしなかった。本来ならばカーブに沿うように新しく作り直せば一番良いのであるが、それでは工期も、費用も掛かりすぎるので、取りやめた。だからカーブのところは、なめらかな曲線ではなくて、桁の長さごとに折れ曲がった折れ線カーブであった。

もしも車輪式であれば、こんな芸当はできない。折れ線カーブでは車輪は通れないからである。こんなレールだったら車輪はすぐに脱線してしまうことになる。

ただし、曲線部の前後には、折れ線ではあるが、クロソイド曲線を用いた緩和曲線部を入れて、直線部から曲線部への移行を滑らかにするようにした。曲線部から直線部に移行する箇所も同じである。

次に作り替えたのは、勾配部である。軌道の一三〇〇メートルあたりから、縦断緩和曲線部を設けて、千分の十一の勾配部とした。

ここのところから勾配に従って軌道が高くなっていき、約二〇〇メートル程で水平になるように作った。ここの部分から先の軌道は、コンクリート桁ではなくて鉄桁となった。

この鉄桁も運輸省の注文の一つになっていた。

鉄桁のところの実験機の通過についても、外野席から、「あのシステムでは鉄桁のところを通過することはできないであろう。桁が振動してしまい、浮いていることができなくなるであろう」との噂を流しているのも聞こえてきていたのであった。

この時期、なんとしてもＨＳＳＴの開発を潰そうとしている人たちがいたのである。

実用線では鉄橋が必ずといってよいほどあるので、鉄桁のところで振動するようでは、システムとして成立しないので、その辺は充分研究していたのであった。

勾配部が終わると、その先は、曲率が二八〇メートルの急カーブを設けた。約一〇〇メートルの長さであった。

これで、総延長一六〇〇メートルの大小二つのカーブと、勾配部を含む軌道が出来上がったのであった。

ただし、トロリー線だけは、カーブのところで折れ線というわけには行かないので、滑らかな曲線を描くように取り付けた。
ＨＳＴの場合、トロリー線とはいっても、電車や地下鉄で使うものとは大分違ってい
る。軌道の桁の脇に幅広の三本の銅板が細長く延びている。
三本使うのは、ここではリニアモーターの給電を三相交流で行っていたからであった。

この頃、直流から電気を取り、機体の中でＶＶＶＦインバーターでモーター用の三相
交流を作りだせる車体搭載用の小型のものは、どこにもなかった。
国内が駄目で、アメリカや、カナダのメーカーを訊ねたが、この時期にはなかった。
車載用ができたのは、大分後のことであった。

皆さんが頑張ってくれたお陰で、一部は少しはみ出したが、ほぼ予定通り改造工事が完
了した。本当に工事ができるか心配であったが、支障なく出来上がったので安心した。

二月に入ると走行実験が始まり、運輸省から依頼された実験項目を次から次へと忙しく
こなしていった。
まずは、曲率二〇〇〇メートルＲの緩曲線部の走行実験から始まった。

「はい、このカーブを何事もなく、スーと通過できました」

で終わりなら、別にややこしいことはないのであるが、要求されている事項は、そんな生やさしいことにはなっていなかった。

この二〇〇〇メートルR（曲率）のカーブに釣り合って、外向きの力（遠心力）も、内側へ向かう力（求心力）も生じないスピード・釣り合い旋回速度は、時速一九五キロメートルに設計されている。

このために、カーブのところにはカントといって、カーブの内側へ八・五度内側へ傾いた軌道に作られている。

これよりも速い速度でこのカーブを通過すると、外向きの力が働き、仮にこの機体に人が乗っていれば、外側に身体が振られる。

このカーブのところでカントを付けるのは、高速道路でも普通の鉄道でも同じで、通過する速度に応じて、遠心力も求心力も働かないような、ちょうど、そこを通過する速度に見合ったカントに設計するのが普通である。

だから、時速一〇〇キロで通過するように設計されているカーブのところを時速一二〇キロで通過すれば、車の運転者は遠心力を感じるのである。

この軌道の傾きに対して、実験機の通過する速度は、一号機では時速約二〇〇キロ、二号機では時速約一〇〇キロである。

一号機が時速二〇〇キロで通過するときには、釣り合い旋回速度にほぼ近いから、問題はないが（もっとも、後進するときは一〇〇キロぐらいで走るので、二号機と同じになる）、二号機の場合は、このカーブを通過するときには、カーブの内側に向かう力が発生する。

横方向の力に対しても電磁石で制御しているので何事も起きないが、もし横方向の制御がなければ、内側に滑ってレールに接触してしまうことになる。

一号機が時速二〇〇キロ以上の速度で、このカーブを通過するときには、遠心力が働くので、外側に振られるのである。

この遠心力に対しても、電磁石による横制御力が働いているので、カーブを通過する時にレールに接触することはない。時速三〇〇キロ近くの速度で通過する時には相当大きな遠心力が発生し、それを制御しなければならない。

「その時の状態をちゃんと記録して、レールに接触することなくカーブを通過していることを証明しなさい」というのが、運輸省の課題だったのである。

釣り合い旋回速度を一〇〇キロもオーバーして走らせて、発生した遠心力をきちんと制御する能力があるかどうかを検証するというのであった。

また、時速一〇〇キロで走行する時は、逆に、内すべりの求心力が働くのを、きちんと制御して走らせなさいということであった。

普通は、設計速度が軌道の設計とこんなに違うことはあり得ないのであるが、ここでは軌道が短いので、このような通常では考えられないことになったのである。

相当にひどい要求であったことは、こんなところにも現れていた。

もっとも過酷な条件は、この八・五度に傾いているカーブのところで、機体を止めて、軌道の上に着地させ、傾いたままでちゃんと浮き上がるかどうかの実験をやって欲しいというのがあった。

このような状態では、レールと機体の電磁石の位置とが、きちんと向き合っていなくて、少しずれるのである。このように少しずれていても、再浮上できることを、証明してほしいというのである。

この話は、L型レールを使って磁気浮上をやっている人たちから出たことだというのはすぐ分かった。L型レールであれば、機体が傾いていても電磁石の相手方のレールは、幅が広いので、位置関係はずれても、ずれたところにもレールがあるから、浮上力に関しては、変化がないのである。

逆U字型レールでは、電磁石の位置がずれると、横制御力がなければ、浮上力が落ちるのである。この辺のポイントをついた調査項目だったのである。

ところが、彼らの思惑とは違って、ＨＳＳＴではそれなりの計算はできていたのであった。傾いたままの状態で、軌道の上から何事もなく再浮上できたのである。この場合でも、傾いているから、内側への力（求心力）は、もちろん働いているので、乗っている人は、内向きの力を受ける。斜めになった路肩に、停車している車に乗っている人が、斜めに身体が傾くような力を受けるのと同じである。

次に行ったのは勾配部の通過実験であった。

リニアモーターの性能からいえば、勾配部を通過するのは、車輪で登るよりも楽なのである。車輪は摩擦力が働かないと、急な勾配は登れない。

登山電車などで、アプト式とかスイッチバック式で急勾配を登っていくのは、坂を上る時に車輪が滑って登れないからである。

車の場合は、タイヤと地面との間の摩擦が大きいので、急な坂道でも、馬力さえあれば登れるが、電車の場合はこのように特殊なやり方をしないと登れない。

箱根の登山鉄道などはその好例である。

リニアモーターが坂に強いことが分かっているのに、あえてこの項目をテストして欲しいということになったのは、すこし訳があった。

車輪と違って、リニアモーターの場合は、長さがある。

実験一号機でいえば、機体の長さが、約四メートルと直線状になっている。この実験機は高速性能をテストするために製作したので、約二メートルの長さのリニアモーターが、この機体に取り付けられていた。

急勾配が路線の途中にあって、二〇〇キロ以上の速度を必要としない場合の設計は、高速用とは違った設計になるのである。リニアモーターの長さもまた違ってくる。

ここで使用しているのは、高速実用車両のモーターである。所期の目的からいって、当たり前の長さである。

が、反対派の人たちはそこに目を付けたのであった。この長さのものが勾配部にかかると、機体の前か後ろかが、軌道に接触してしまい、通過できないはずであると、考えたふしがあった。

そうでなければこんなテスト項目は必要ないはずであった。リニアモーターの推力がどの程度かは、色々な速度でのデータがいくらでもあるので、それを見れば、一目瞭然なのである。

ただ、平面軌道のところから坂に掛かるところで、急な折れ角があれば、機体が軌道に接触するか、接触しないまでも、浮上制御系に乱れを生じさせる可能性が無くはなかった。

しかし、勾配部にかかるところに、縦断曲線部を設けることによって、折れ角の部分をなくせるので、この箇所を通過する時、軌道と接触することはなかった。

この実験線では、軌道の長さが足りないので、千分の十一の勾配となった。そしてその前後に、半径約四〇〇〇メートルの縦断曲線部を設けた。

すると、一三六メートルとなり、これ以上長くはできなかった。

そして軌道最後のところには、曲率二八〇メートルの急カーブの箇所を設けた。ここの部分は、カントを付けずに平面とした。低速通過であっても、遠心力が働くのであるが、それらを無視してカントをゼロにしたのは、別の理由からであった。

このような急カーブは、どちらかといえば、分岐装置などを設ける場所に多いので、せっかく実験をやるのであれば、将来、実用路線の場合に役に立つように、それを意識しての設計であった。

ここのカーブの通過については、高速用に設計されたこの電磁石では軌道半径に対して長いので、電磁石が軌道からはみ出してしまうところがある。

このはみ出してしまうところで浮上力や、横制御力が充分あるかどうかをテストすることになったのである。このはみ出しは七・六ミリにも達する。レール幅二五ミリに対する

二号機のカーブ走行

七・六ミリなので、かなりはみ出すことになる。

カーブ部におけるこのはみ出しを小さくするには、電磁石の長さを短くすればよいのであるが、そこまで機体の方を改造することはしなかった。

初期の実験目的とは大きくかけ離れた条件下での、付加された実験ではあったが、これだけ電磁石が軌道からはみ出たにも関わらず、問題なく浮上制御は作動したのであった。

なお、これらのテスト区間は、前に述べたように、鉄桁構造となっていたが、この鉄桁との共振現象は発生しなかった。

以上でもって、ノーマルな状態での走行テストの実績が取れ、いずれも問題なく終了した。

残るテストは、補助ロケットによる高速テストと、段差テスト、それに乗り心地テストなどであった。


まず、補助ロケットを使った高速テストである。

補助ロケットは四個使い時速二七〇キロの速度のデータを取った。補助ロケットは四個でもリニアモーターの定格出力三〇〇キログラムに対しては、五倍近い推力になり、非常に大きな急加速になっている。

前回の実験のように、直線上の軌道であれば、その後の急停止も含めて問題なかったのであるが、今回は軌道を大きく改造し、高速時のカーブ部、勾配部、そして急停止の場所は急カーブになったので、これ以上の急加速は避けたのである。

あと三〇〇メートル軌道が長ければ、もっと加速が可能であった。

この補助ロケットによる時速二七〇キロでの二〇〇〇メートル曲線部の通過では、前に述べたように、機体に対し、外向きの力（遠心力）が大きく加わったのであるが、この制御力は十分にあり、レールに接触することなく通り抜けた。

この後、急ブレーキをかけて速度を落とし、勾配部、最少曲線部を通過して停止した。

このような急加速、急ブレーキをかけても、機体が軌道に接触することはなく、通常の状態で、通過したことが確認できた。

次に段差テストに取りかかった。段差テストという言葉は聞き慣れない言葉であるが、これはレールの継ぎ目をわざと上にずらしたりまたは横にずらしたりして、軌道にでこぼこを造り、不連続な状態になった軌道上を機体が通過できるかどうかをテストするものである。

普通の車輪で走る電車であれば、こんなことをすればたちまち脱線事故につながる。レールのつなぎ目はできるだけでこぼこにならないように、線路の整備をするのが常識になっている。

それにも関わらず、この段差テストの依頼があったのは、少し不思議な気がした。HSSTは浮上式であるので、多少の段差は問題なく通過できる。このテストを提案した人は、おそらく自分たちの実験で、段差のある場所の通過の際、電磁石の制御に問題が生じたのではなかったのかと思った。

私たちの実験でも、初めのうちは、段差部でギャップセンサーが出したシグナルに対する制御系のオーバーシュートが大きく見られたことがあった。

その改善のために最初のうちは、レールの継ぎ目の部分に薄いアルミ箔を張って、センサーが、大きなシグナルを出さないようにしたこともあった。

その後、制御系の改善を図り、レールの継ぎ目のところがあいていても、そこの通過時に大きくオーバーシュートすることはなくなった。


ここでの段差テストでは、レールの継ぎ目のずれは、上下方向の場合三ミリとした。浮上高が一〇ミリだから、三〇パーセントのずれになる。

また左右方向のずれも同じく三ミリずらした。このように意識的にレールに不整な場所を造り、そこを通過するときにどのようになるかを見たのである。

その結果は、予想通り、多少のセンサーの乱れは認められたが、特別問題になるような、ギャップセンサーのオーバーシュート現象は起きていなかった。

従って、レールの上下方向のずれの場合も横ずれの場合もレールに接触することなく、難なく継ぎ目を通過したデータが得られた。


この他、曲線部におけるリニアモーターの滑り速度についてのデータも取ったが、速度の維持について言えば、直線レールを通過する場合と同じに考えて良いことが分かった。

もう一つ、乗り心地についてのテストを行った。

一号機には二次サスペンションがついていないので、乗り心地テストは行わなかった。二号機は人を乗せて走るためのものであったから、製作の当初から上下方向の二次サスペンションを取り付けた。これはフレキシブルシャーシーと呼ばれていたが、中村独自の考案による二次サスペンションであった。フレキシブルと呼ばれているように、台車そのものが、ある程度自由にたわむことができ、マグネットの制御およびレールへの追随性を良くし、かつ乗り心地の改善に大きく役立っている。二次サスペンションを取り付けることによって、乗り心地はきわめて良好なものになった。まさに中村の面目躍如たる設計であった。


通常、電車の乗り心地を判定するのに用いる基準がある。一つは鉄研基準と呼ばれており、横方向の加速度がどの程度かを表すものである。つまり横揺れがどの程度あるかを判定するものである。

もう一つはＪＡＮＥＷＡＹの基準であって、これは垂直方向の加速度がどの程度あるかを判定する基準である。つまり上下にどの程度揺れるかを判定する基準である。

この二つの基準を満たすことは、客室内で上下左右の揺れがどれぐらいあるかの目安になるのである。

ＨＳＳＴ二号機のデータは、車輪式乗り物では得られないようなこの二つの基準を大きく下回る非常に良好な結果が得られた。このことはこの乗り物が非常に快適な乗り心地であることを証明しているのであった。

この本の始めのところで、世界各国が快適な乗り物開発競争の中で浮上式乗り物の快適性を追求したと述べたが、ＨＳＳＴ二号機でそれが実証されたのであった。


色々なテストをこなして、報告書の作成に入った。データ取りの指揮をしたのは、最初に「ウイター」を作った日笠佳郎であった。データの整理ももちろん彼であった。

この頃は、彼だけでなく、村井宗信、岩谷満、武内浩、谷田卓美など、若い技術者が中村を支え、浮上制御回路や、リニアモーター制御などの分野で色々な改善を図って、システムの完成を目指していた。これら若い人を杉山喆夫などベテランが指導していた。

軌道その他の改造工事費や走行テストに要した費用なども計算し、それに実験データを追加して一つの報告書にまとめていたら、大臣官房から様子を聞いてきた。

概略話をしたら、報告書のドラフトでよいから持ってきて欲しいとのことであった。

私は報告書のドラフトを持って計画官のところへ行った。

彼は報告書を一読して、

「本当に全部できたのですね。信じられないくらいです。それにこんな安い費用でこれだけのことができたのですか。会社の方で別途負担した費用があるでしょう？」

「いいえ、会社の方は何も負担しておりません。全部運輸省の委託費から出しました」

「ふーん」と疑わしげであった。

それで私は

「何でそう思われるのですか？　なにか訳があるのですか」とたずねた。

「いやねー、国鉄の磁気浮上の方の報告書にある費用とあまりの開きがあるからですよ」

という答えが返ってきた。

詳しい話は聞けなかったが、私にはその訳が何となく分かるような気がした。

当時、超伝導状態を作り出すには、液体ヘリウムを用いていた。この液体ヘリウムは日本にはなくて、米国から輸入していたのであり、高価なものであると聞いていた。それに厄介なことに、この液体ヘリウムはすぐに蒸散してしまい、保存がなかなか利かないものだったのである。今では大分改善されているようであるが、当時は保存はあまりうまくいってなかったのではないかと思っていたからであった。

計画官とはだいたいこのような話で終わり、帰ろうとすると補佐官が呼び止めた。

「長池さん、報告書はだいたいこのようなことでいいのですが、一つ注文があります」

「何でしょう?」

「実はこの報告書には、実験データが生のまま入っています。これではちょっと困るのです」

「どうしてです?」

「知っている人は丁寧に読めば分かることかも知れませんが、役所にはそこまで丁寧に読める人はそう多くはいません。できればもう少しかみ砕いた説明を追加して欲しいのです」

と言ったのである。

私にも彼が言っているその意図が良く分かった。なにぶん締め切りぎりぎりの仕事だったので、私たちにもそこまでの配慮をする余裕がなかったのは、事実であったからであった。

それで、

「趣旨はよく分かりました。早速修正しましょう」と言って会社に戻った。

急いで羽田に行き、中村に相談した。

彼も、運輸省のコメント通りにした方がよいと分かってもらえ、急いで修正に取りかかった。中村だけではとても間に合わないので、一人手助けを頼んだ。谷田卓美である。

三人して、報告書の修正に取りかかったが、項目とデータが多かったので、大分時間がかかり、深夜になった。

中村は病後であり、体調が心配であったが、頑張ってもらった。

報告書の修正が出来上がったときはすでに朝が来ていた。中村はもちろん車で帰ったが、谷田にも、疲れているからタクシーを呼んで帰るように言い、私は自宅に戻り、一休みして、昼前に運輸省に修正した報告書を届けた。

後で確かめたら、彼はタクシーに乗らず、普通の経路で帰宅したと言っていた。予算が乏しいのを知っていて、そうしてくれたのであった。

補佐官は一読して、

「これで結構です。それにしても一日でよくできましたね」と労をねぎらってくれた。

この計画官には、いろんな点でお世話になった。運輸省のＨＳＳＴ担当であったので、省対会社という関係では、対立があったが、省内のＨＳＳＴに対するプレッシャーをこの方が幾分緩和してくれたのであった。

後年、何かの集まりの際、偶然私の席の斜め前に谷田が座ったことがあった。それであのときのことを思い出して話をしたら、彼もよく覚えていた。

「君は覚えているかな？　運輸省の委託研究で、東扇島で実施した報告書を纏めたときのことですよ。中村さんと三人で、報告書に追加修正をした時のことですよ」

「ええ、今でも覚えています。あのときは大変でしたね」

「とうとう、徹夜になってしまったね」

「そうでしたね」

「君が頑張ってくれたので、運輸省で恥をかかなくて済んだよ」

「良かったですね。ところであの報告書、今どこにあるか知ってますか？」

「いや、知らないよ」

「あれは今、上野の科学博物館に置いてあります」と彼は言った。

科学博物館にはＨＳＳＴの機体が展示されているのは知っていたが、報告書まで置いてあるとは知らなかったのである。

私は科学博物館には、一度も足を運んでいない。見れば懐かしいと思うであろうが、正直言って、見るのが何となく辛いような気がするので、科学博物館には行かないのである。

注：現在、科学博物館には、残念ながらＨＳＳＴ実験機は展示されていない。

開発補助金三億円

この成果を踏まえ、翌年度には、ＨＳＳＴの開発について三億円の開発補助金が認められた。

しかし、この補助金の使用について大臣官房から呼び出しがあった。

出かけてゆくと、計画官から

「困ったことが起きたよ」と言われた。

「何が起きたのですか」

「例の補助金のことだが、他の各社からクレームが来たのですよ」

「一体どんなクレームなんですか？」

「あの補助金を、私たちにも分けて欲しいと言うんだよ」

私は唖然とした。

「ですけど、あの補助金については、昨年の予算要求の時、私の方から資料を提出し、それを参考に計画官の方でお考えいただいたものですよね」

「そうなんだがね、彼らの言い分は、国の補助金なのだから私たちの開発にも補助していただいてもいいでしょうと言うんだ」

「それを運輸省として断れないんですか。あなた方はこれまで何にも言って来なかったし、どんな開発をやるのかも、言ってないではないかとは言えないんですか」

「色々あってね、そう簡単にはいかないのだ。相談だが、各社に何かHSSTのもので共同開発させるものはないか」

私はしばらく考えた。運輸省が困っていることも分かるのである。

「今ちょっと考えてみたのですが、基本的には相当難しいと思います。なぜかというと、同じ常電導吸引式浮上システムを開発していますが、中身が違います。彼らは浮上用の電磁石と、横方向の制御をする電磁石とを別々にしているのです。私たちのは一つの電磁石でその両方を制御しています。この違いがシステム設計に大きな違いとなって現れているので、共同開発には向かないと思います」

「たとえば、東扇島の実験場を彼らに貸すことはできないの?」

「私たちの実験はおおむね終了してますから、借りたいと言われれば、貸してもかまいませんが、鉄レールの形が彼らのシステムには合わないので無理でしょう」と言った。

「何か彼らに委託してやらせることができるとよいのだが」

「今は何も思いつかないので、何ともお答えできません」

「もし何かあれば知らせて欲しい」

「分かりました」と言って、運輸省を後にした。

しかしこの問題の解決をする前に、私の方に会社の方から圧力がかかってきた。

東扇島異変

このような話になる前触れみたいに、東扇島では、時々へんてこな事件が起きていた。実験機の加速用電源の制御用の回路を組み込んだカードが作り替えられていて、それを知らずに走らせたら、加速が予定通り行かなかったこともあった。

それが一回だけではなくて、修理した後もまた同じようなことが続いたのである。誰がやったのか、初めのうちは分からなかった。

不在時に、誰か実験場に侵入して来たのではないかとも思ったが、よく調べてみるとそんな形跡はなかった。それに、この制御回路の中身を外部の者が知っているはずもなかった。

そんな時でも、中村はみんなを信じているから、犯人探しをするのを止めさせていた。でもとうとう、そうも言っていられぬ事態が発生した。

実験機の走行を始めようとして、エンジンの回転を上げようとしても、少しも上がらなかったのであった。調べてみると、燃料タンクの中に水が混入されていたのであった。

さすがに放って置くわけには行かなくなった。犯人の妨害はだんだんエスカレートしていったからである。このまま放って置けば、実験自体ができなくなってしまうことになりかねなかった。

それもこのような妨害が起きるのは、決まって来訪者が見える予定の前日なのであった。明らかに来訪者に対して、ここの実験は駄目であるということを、印象づける目的であろうと思われた。

あるＶＩＰが来訪される前日、この妨害を未然に防がないと、イメージが一挙に悪くなることは明らかであったので、この日だけはなんとしても無事にデモンストレーションを済ませなければならなかった。

この頃には誰がこのようなことをしているのか、おおよそ分かっていたが、中村の意向もあり、それを公にはしなかった。この者が自分独自の判断でやったとは思えなかったからであった。おそらく上層部の誰かの指示に依ったものであることは、容易に推察できた。

そこまでやらせる上層部の汚さには言う言葉もなかったが、指示される現場を押さえた訳ではないので、面と向かって何ということをやらせるのかとは言えなかった。彼は実行犯であり、主犯は別にいたのである。

まずは当面の問題として、当日の安全を確保するにはどうしたらよいかを、限られた部内者で相談した。

前日から実験場の警戒を厳重にし、部外者、部内者を問わず、立ち入りを禁止し、監視体制を敷いた。

当日は、犯人と目される人物には、必ず二名を張り付かせ、少しでもおかしな行動があれば、阻止できるようにした。

そして当日を迎えた。準備のため、二時間ほど前に行って試走させるのであるが、この男はやはり二度ほどおかしなことをやろうとしていた。

張り付いていた者が、何をしているのかと聞き、この男に変造カードの入れ替えを一切させなかった。常に見張られていることが分かったのか、変なことをやるのを諦めた様子であった。

それでも隙をうかがうようなところもあったので、みんなが注意していた。

この日、この男は何もできず、デモンストレーションは無事終了した。

その後もこの男のマークはある程度継続したが、自分がマークされているのが分かったらしく、妨害事件はこの後発生することはなかった。

開発を中止させるためにこのようなことをやらせる上層部には、呆れて言う言葉もなかった。この職員はさすがにいづらくなったのか、しばらくしていなくなった。

冬の季節

そうこうしているうちに、運輸省の圧力が強まったのか、社長の意志なのかは分からなかったが、開発チームに冬の季節がやってきた。

林をプロジェクトから外せという強力な指示が出たようであった。このころ中村はすでに理事の任期も終わり、嘱託の形で技術指導を行っていた。

会社の組織としてはこれではまずいので、誰か適当な人を技術の長として据えることになった。そして、技術陣の組織を羽田に作り、開発室という組織にすることにした。これまでは企画、折衝部門を東京ビルに置き、羽田は技術部門だけという配置であり、組織上は区分されていなかった。それを、技術部門を整備本部に統一するような組織変更が行われた。

これに伴い、これまであった事務局を自然消滅させようというのであった。そして東京ビルのスタッフを全員羽田に移すことを始めた。

このプロジェクトの実質的リーダーであった林には何も相談なく、この動きが始まった。

こうして彼を孤立させ、このプロジェクトから外してしまおうという工作であった。この仕事を具体的にやりだしたのは、某調査役であった。

もちろん彼が単独でやり始めたわけではなかったと考えてよい。上層部からの指示がなければ、やれる話ではなかったはずである。

このような形にしても、技術指導は中村の他にできる人はいなかったので、中村にはあれこれ誘いはあったようであったが、内情を知った中村は羽田での技術指導を断ったのである。

今まで通り、林を含む形でなら参加できるということだったようである。

しかし会社としては、林の排除が目的であったから、中村の問題は宙に浮いていた。

私にも何人かの人から羽田に席を移して欲しいという話があった。

ただ不思議なことに、正式に人事部なり新たな組織になった組織の長からは一切この話がないという、まことにおかしな話であった。まして辞令も出なかった。

そのうち、整備本部管理部から担当次長が私に会いたいと電話があった。彼とは私が管理部在籍中に知り合った人であった。社外がよいというので、有楽町にある交通会館ビルで落ち合った。

話の内容は、何とか中村を羽田に呼んで欲しいというのであった。会社からの呼びかけには、中村がどうしても応じないからであった。

私は「話は分かりましたが、多分こんなことになりますよ。私があなたからこんな話を受けました。羽田の連中が中村さんにどうしても指導して欲しいそうです。ただし、林さん抜きになります」

「ここまではよいんですが、中村さんは林さんにこんな話が私から来たと、必ず言いますよ。いくら私が林さんには内密にしてと話しても、ここのところは変わらないでしょう。つまり、林さん抜きでは、同意されないでしょう」

すると彼は黙ってしまった。ストレートにこの話を中村にしたら、林に話が行って、次には林がこの次長のところに抗議の電話をするに違いない。それも大喧嘩になると思った。でもそこまでは言わなかったが、聡明な彼はおおよその察しがついたようであった。


このようにして、東京ビルにある事務局の部屋はがらんとなった。林はいつもの調子で出たり入ったりしていたし、私はこれまでのような仕事はなくなったので、自分の席にいることが多かった。羽田に移ったはずの女子職員が毎朝来ては社内メールを取ったり、お茶を入れたりしていた。

こんな状態がしばらく続いた。こういう状態のところに色々な人が訊ねて来ていた。来た人は会社のやり方の汚さに呆れ果てていた。中には上層部にあんなやり方は止めた方がよいと言ってくれた人もいたが、その効果はなかったようであった。

あまりここを訪れる人はいなかったが、中村は、時々現れて四方山話をしていた。

ある時ふと、

「先だって、ラジコンの模型飛行機を作りましたよ」

「出来上がりましたか？」

「ええ、出来上がりました。リブ（翼の骨組みになるところ）を磨くとき、一つ一つ怨念を込めてやりました」

私は吃驚した。常日頃、こんな言葉は言わない方なのである。

思わず、

「怨念はいけません」と言った。

昨今の会社のやり方があまりにも酷すぎるので、彼にしてこの言葉が出たのかと、暗澹たる気持ちになった。

「で、その飛行機飛ばしに行かれましたか？」

「ええ、霧ヶ峰へ行って来ました」

「うまく飛びましたか？」

「いや、残念ながらすぐ墜落してしまいました」

「そうでしたか。残念でしたね」

私はそこまで言うのが精一杯であった。なぜなら、この話は私にとってショックだったのである。

設計や製作には間違いのない方が作られたものが、簡単に墜落したことが、不思議でならなかった。


こんなやりとりがあって、しばらく経った頃であった。

日本航空でとんでもない事件が発生した。

「機長！　何をするのですか！　止めてください！」という言葉と、「逆噴射」という言葉が新聞紙上をにぎわせた羽田沖墜落事故である。

精神異常になった機長が、羽田空港へ着陸寸前、まだ滑走路に着陸する前、海上にいるのに、突然エンジンのスロットルレバーを、単に絞るのではなくて、急にリバースの位置に入れたのである。

この位置はエンジンの回転が逆回転する位置である。つまりエンジンの推力が完全に落ちてしまい、急ブレーキがかかるのである。滑走路の上であればよいのだが、着陸前にやられたので、飛行機は海中に墜落したのであった。

この時、こう叫んだ航空機関士が席から離れてとっさにスロットルレバーを元に位置に戻したので、急降下墜落にはならず、機首は海底につっこんだものの、被害は最小限に止められた。

この事故は機長が精神異常であったのが原因であった。

この時、とっさにスロットルレバーをリバースの位置から引き戻したのは、フライトエンジニア（航空機関士）であった。彼の名は小崎善章という。

通常、飛行中にスロットルレバーに触れるのは、機長と副操縦士であるが、緊急事態になって、このままいけば墜落すると思い、とっさにこのような行動になったと彼は言っていた。

小崎とは、大学以来の友人であった。彼はナビゲーター（航空士）として入社したのであるが、当時は、アメリカやヨーロッパなど、洋上飛行の場合、ロランという航法で飛行機は飛んでいた。それを操作して、飛行機の現在位置やこれから飛ぶルートの修正などを行うのが航空士の仕事であった。

航法技術の進歩があって、人工衛星を使ったＩＮＳ航法が取り入れられ、人間がやらなくても、このような仕事を全部機械がやってくれるようになり、彼はフライトエンジニアに職種変更したのであった。

彼のとっさの機転によって、この事故の被害は最小限に食い止められた。彼がこれをやらなければ、もっと多くの人命が失われていたのであった。

この事故で彼は、脊髄その他に傷を負った。この傷は完全には治らなかったようで、乗務からははずれ、その代わり地上勤務をしていた。

クラス会などで時折会ったとき、あの時どうであった聞いたこともあったが、彼は普段はよく喋る方なのだが、このことに関してはあまり話そうとはしなかった。

会社から多少は箝口令が敷かれていたのであろうが、彼自身話したくなかったのであろうと、強いて聞くのは止めた。

この小崎の傷は完全には治らなくて、それから数年後に亡くなった。葬儀が執り行われたのは、四谷にある日蓮宗妙典山戒行寺であった。お参りして帰る時、道の脇にある碑に気がついた。

その碑は平成六年に建立された長谷川平蔵の供養碑であった。池波正太郎の小説で名高い『鬼平犯科帳』の主人公の碑であった。

鬼平はこんなところに眠っておられたのかと驚いた。

私はこのドラマが好きで、テレビで放映される時はよく見ていたのである。物語が終わって最後のところに江戸時代の春夏秋冬の情景が出るが、それがとても良いのである。

春は桜の屋形船に始まり、菖蒲の花、梅雨に入り雨に濡れたあじさいの花、夏の朝顔や、花火の情景と続く。秋になって美しい紅葉の場面に変わり、冬は寒々とした雪の降る屋台のシーンになってゆく。古い時代の情緒を感じさせるので、この移ろいの場面が好きである。

またこの事故は、私に中村の話を思い出させた。それほど彼のラジコン模型飛行機墜落の話は私にとってショックで、心に残っていたのであった。

別の日に会社を訪れた中村は、

「この間、カール・セーガン氏の訪問を受けました。この方、知ってますか?」

「ええ、知ってます。宇宙ステーション構想を打ち上げられた方でしょう。これに関する本も出版されています。どういう用件で見えられたのですか?」

「磁気浮上、リニアモーターカーについて、技術的なことを知りたいとのことでした。学会に私が何度か発表しているのを読まれたようです。主旨は、宇宙ステーション計画の中に、移動用にこのシステムを取り入れたいという話でした。重力のある世界と、無重力状態のところとでは考え方が違いますが、導入は可能だろうと話しました」

「それはよい話ですね。宇宙ステーションの中での移動に使えれば、素晴らしいことですよ」

「ええ、そう思います」

おおよそこのような話であった。

事前に判っていれば、私も同席したい方であった。


最近、この宇宙ステーション構想は、世界のプロジェクトになっている。アメリカ、ロシア、日本、その他の国々がこのプロジェクトに参画している。

計画では、二〇一〇年に完成を目指して、アメリカや、ロシアがステーション用のコンポーネントを打ち上げて組み立て作業を行った。完成したのは、もう少し後である。

しかしアメリカのスペースシャトルが故障したので、この計画は一時中断したが、最近はロシアが主体のプロジェクトになり日本人の宇宙パイロットも乗り込んでいる。

この宇宙ステーション構想は、旧約聖書にある「ノアの方舟」の現代版である。

このプロジェクトの中心は、アメリカと、ロシアである。最近はこのプロジェクトはさらに発展して、日本の他に複数の国が参加している。中国も自前の宇宙ステーションを打ち上げている。

彼らは何か感知しているのであろうか？「ノアの方舟」が出来上がった後、地球がどうなったかは、誰でも知っている。

神の意志で、宇宙ステーション構想が出来上がっていれば、次に来るべきものが何であるかは想像がつく。

今の世界は、戦争に明け暮れている。

地震、大津波、異常気象、あるいは地球温暖化で、世界中の万年雪が、大量に融けだしている。人の心もかなり荒れている。最近、日本ではやっと、道徳の時間を学校の授業に取り入れだしたばかりである。

いわゆる世紀末に近い状態になっているのである。人類は心しなければならない時代になっているのである。

第2章　実用型への進展

ブルガリア・プロジェクト

それからしばらくして、林が、ブルガリアのプロジェクトを中村のところへ持ってきた。こんな状態なので、会社には内緒の話であった。そして二人に加えて、もう一人社外の人を連れて、ブルガリアへ旅立った。

十日ばかりで戻ったのであるが、その後しばらくして、ブルガリアが開発に同意したとかで、中村は単身同国へ行くことになった。

そんなある日のことであった。

中村がふらりと東京ビルのオフィスへ現れた。

「おや、お帰りなさい。ご無事で。ブルガリアはどこへ行かれましたか?」

「ソフィアに行きました。ブルガリアの首都です」

「そうですか。私は東ヨーロッパには一度も行ったことがありません。あのあたりの印象はいかがでした?」

「古い町がそのまま残っていますね。

それに住んでいる人たちは素朴です」

「そうですか。ソフィアという街の名は何か惹かれる響きがあります。仕事の話はどうでしたか？」

「前向きの話で、先方に熱意があるので、やれると思います。話が決まれば、しばらくソフィアで暮らすことになりそうです。向こうの人たちは、テレビなど、西欧の文明や、近代的な生活よりも、この国の自然を愛していました。あまり自然を壊していわゆる文明といわれる近代的生活よりも、伝統的な生活の方を好んでいるようでした。でも、ＨＳＳＴを導入することには、意欲的でした。これまでの交通機関と違って、彼らの生活をそう壊さないで、周囲と調和する交通機関という風に受け取ってくれました」

「それはよかったですね。今の状態では、私は行けませんが、ご活躍をお祈りしてます」

「どうもありがとう。ところでこれを預かってくれませんか」

と言って、中村は分厚い書類を取り出した。

見ると、磁気浮上装置や、リニアモーターの設計に関する記述書であった。

百ページを越える資料であった。通称ＮＳドキュメントと呼ばれる彼の開発設計に関する資料であった。この資料の三分の二ぐらいは、以前中村に頼まれてコピーしたことがあったので、中身はおおよそわかっていたが、突然出されてその真意を測りかねた。

「何でこれを私に？」と訝ると、

「近くブルガリアへ行くことになります。いつ帰れるか分からないし、これをあなたに預かって欲しいと思うんです」

渡された資料を持ったまま、しばらく考えていたが、私はこの仕事は中村にしかできないと思っていたので、資料を預かってもと思った。

渡された資料をそっと中村に返して、

「これ私は受け取れません」と言った。理由は何も言わなかった。

言いたくなかったのであった。

中村は、もしかしたら、二度とこの日本には戻れないかも知れぬと思っておられるような気がしたからであった。

中村にしたら、だから預けたいんだよと、言いたかったに違いなかった。

でも二人とも、これ以上の会話はなかった。

しばらくして、

「そうですか」と彼は言い、そのまま会社を後にした。

この後、私が再び、中村に会うことはなかった。

これが二人の永遠の別れとなったのである。


中村が亡くなって、一年が経ったとき、林の呼びかけで、彼の一周忌のお墓参りをした。十名ほどの人たちが参加した。そして、近くの深大寺の店を借りて、中村の思い出をあれこれと話し合った。

あのときはああだった、こうだったと、皆それぞれに中村の想い出を、胸に抱いていたのがよく分かったのである。

どんな時でも、冷静で、優しく、周りのことに気を遣っていたことが想い出された。

この時は同氏未亡人も列席された。


この数年後、敬愛する松坂勇のお宅を訪問したときのことであった。私が大阪空港支店にいた頃の上司であった。

松坂は、古武士の風格のある方で、豪放磊落という人物評がぴったりの人であった。

良いことと悪いことの判断がはっきりした方で、場合によっては、支店長にも、本社の部長にも、自分の意見をはっきり表明する方であった。

ここで私は一等航空整備士のライセンスを取ったが、同時に管理業務に関する仕事を任されて、いろんなことを勉強した。航空保安事務所や税関関係の仕事などが新たに加わった。それが後に整備本部管理部に赴任する足がかりとなったのである。私の会社人生を培った時代であった。とても信頼のおける方であったので、よく遊びに行ったものであった。

「今何をしているの？」

「一時期、空港部にいたのですが、またＨＳＳＴの仕事に戻って、前と似たようなことをやってます」

「そうか。また大変だね。なんで戻ることになったのだね？」

「何ででしょうね。私にも分かりませんでした」

「ところで、中村君だが、彼は『憤死』したのか？」

「亡くなられる頃のことは、よく知りませんが、会社からのプレッシャーが相当あったことはたしかです」

「そういう噂を聞いたよ」

この方は日本航空定年退職後、有馬温泉の近くに住んでおられた。そんなところまで噂になったほど、中村に対する会社の仕打ちは酷いものであったことが、聞こえていたのであった。

さて、話は少し戻るが、中村がブルガリアへ行ったので、これから私はどうしようかと、しばらく考えたが、彼がいつ日本へ帰られるか分からないし、戻って来ても、日本航空との縁は切れるであろうと思った。

それで、整備本部部長に、もう私のこの仕事は終わったので、異動を希望しますと、HSSTから離れたいと、申し出た。

関西新空港建設計画案の検証

すぐに了承され、異動先は空港部に決まった。わざとそうしたのかどうかまでは分からなかったが、皮肉なことにこの部の部屋は、ＨＳＳＴ技術開発室と、廊下を隔てて向かい側の部屋であった。

ここで新しい仕事が始まったのであった。

そして、当時「空港三大プロジェクト」について、日本航空の立場で、検討するように言われた。

その当時の「三大プロジェクト」というのは、羽田空港の拡張と新ターミナルの建設、成田空港の拡張と、第二ターミナルの建設、および関西新空港の建設であった。

それぞれについて検討結果を空港部長に提出した。

このうちで関西新空港に関する検討結果については、航空局から日本航空に意見を出すように言われていたようで、早速私は担当の角替常務に呼ばれた。ＨＳＳＴでも縁があったが、ここでも縁があった。

この空港建設計画は、投資総額が巨大な上、建設期間が長く、その上、予定されている航空機の発着回数が多くないので、建設費用の償却が三十年でも終わらないという、とてつもない計画であった。

もしこの前提で空港が建設されたら一体どうなるか目に見えていた。

役所はそのしわ寄せを航空会社に押しつけるに決まっていた。多分そんな思惑があって、航空会社としての意見を求めたとも推測された。

「常務、この試算のように、この空港をこんな調子で作られたら、この空港の着陸料は成田の二倍、あるいは三倍近くなりますよ。それでは航空会社はやっていけません」

「それでは、運輸省にはどう返事したらいいのかね」

「だからこんな空港造られても困ると、はっきり言わないといけません」

「運輸省は怒るだろうな」

「それはいい顔はしないでしょうが、ここは頑張りませんとね」と言った。

私はこの検討結果を持って、空港部長と共に航空局へ出掛けた。

この仕事の所管は、航空局飛行場部であった。現れた飛行場部長の顔を見た時、さすがにびっくりした。

現れた人は、以前私に暴言を吐いた先の監督課長であった。

いつの間にか運輸省に戻ってきていて、飛行場部長になっていたのであった。先方が私を覚えていたかどうかまでは判らなかったが、この場で昔の話が出ることはなかった。

私はこれまでの検討結果を話し、航空会社としては、このように高い着陸料を払わなければならない飛行場は、とても利用できないことを述べた。

着陸料を含めた空港施設の使用料というのは、航空会社の運営費の中でも、大きなウエイトを占める費用である。日本の空港使用料は、諸外国に比べて格段に高いものである。だから、さらに空港使用料が、二倍以上に跳ね上がる空港を使用することになると、航空会社の経費がさらに大きくふくらむことになるのである。

この試算は運輸省としてもすでに検討済みだったようで、私が言ったことに対して、強い反発はなかった。

彼は言った。

「航空会社としての見解は判った。しかし、駄目だと言うだけでは困る。どうすればやっていけるか、その辺を考えて欲しい。前向きな話を聞きたい。もう一度、考えて欲しい」と、監督課長の時のような権高い話しぶりではなかった。

恐らく彼は運輸省で試算してみても、空港建設費の償却ができないことが判っていたので、航空会社が何らかの公的補助があれば、受けられると言ってくることを期待していたのではないかと思った。

この時はすでに十一月に入っており、大蔵省との次年度予算案の折衝に入る頃だったのである。それまで、過去二〜三年、新関西空港建設費は、運輸省が予算を申請しても、大蔵省から認められていなかった。それは建設費の償却がうまくいかなくて収支計画が常識の範囲に収まっていなかったためのような噂が聞こえてきていたから、今度はなんとしても予算獲得を目指していたのではないかと思えた。それが今回の航空会社への意見聴取となったのであろうと思った。

「判りました」と言って、帰社した。

それから約一ヶ月後、私は一つの案を持って、再び飛行場部長の所へ行った。しかしこの案は、これまでの常識にはない前提に立った案であったので、日本航空の最終案とすると他への影響が大きいので、あえて中間報告という形を取った。

私はこの案を飛行場部長の前に広げて言った。

「この見直し案は、前回と違って、どういう前提に立てば空港建設計画の収支が常識的な範囲に収まるかを検討したものです。ですからこれまでの常識を外して考えてください」

と、まず前提になる考え方の違いを説明した。

「判った。説明して欲しい」

「では説明します。この計画案は二つの新しい前提に立っています。一つは建設資金の利子の問題です。これまでの考え方では、建設資金の多くは借入金ですから、当然金利が付きます。建設資金が数千億円に上るので、これにかかる金利も膨大なものになります。しかも、この空港は海の中に造るので、建設に長期間かかります。その間に発生する累積された金利はさらにふくれます。この累積金利が収支計画の足を大きく引っ張っています。私の案では、この金利問題の解決策として、空港建設が終わり収入が入るようになるまで、つまり建設期間の金利を免除してもらうこと。これが大前提になっています。これができないと、どんなに策を弄しても、ちゃんとした収支計画にはなりません。まずは、この前提を大蔵省に認めていただけるかどうかが鍵になります」

「第二の前提は、空港から利益を得るもの（受益者）というのは、これまで航空会社ということになってます。確かに航空会社は、受益者に違いはありませんが、航空会社だけではないということなんです。空港が設置されることによって、利益を得る者としては、他にもあるはずです。例えば、地方自治体もそうではないかと考えられます。空港ができることによって、地方税の収入も当然のことなのですが、大きく増えます。また、周辺の企業も新しい仕事ができるので、同じです。このように考えると、自治体や、企業も同じように空港によって何らかの利益を得ることができる者と考えてよいと思います。だから、こういう人たちにも、応分の資本参加を呼びかけても、おかしくないと思います。そうすると、資本金も増え、その結果、借入金は少なくて済みます。これは金利を抑えることにつながります。このように考えて試算をすれば、この事業計画案のように、二十年前後で借入金の償却ができると思います。以上がこの中間報告の概要です」と説明を終えた。

これを黙って聞いていた飛行場部長は、一言、

「これは使える」と言い、渡した資料をもって、そそくさと部屋を出ていった。

ありがとうの一言もなかった。

本来、このようなことをコンサルタントに検討を依頼すれば、数千万は取られる代物なのだが、一言の挨拶もなく、黙って出ていくとは、やっぱり非常識な人だとは思ったが、相手がいなくなったので、運輸省を後にした。

年が明けて、次年度予算には、関西新空港建設費がちゃんと計上されていた。

これが監督課長と私の後物語であった。航空局の監督課長とは、何とも妙な因縁であった。

この何年か後になって、思い当たったことが一つある。

私がＨＳＳＴプロジェクトに再度関わることになった時のことである。この頃から、運輸省の風当たりが柔らかくなってきたのである。最初はなぜそうなったのか判断できなかったが、もしかしたら、関西新空港計画での貸しを幾分返してもらったのかとも考えられた。

もしそうであれば、私が空港部にいたことも、無駄ではなかったことになる。

この新空港計画検討の後、私は拒食症に陥った。これまでの無理が祟ったのであろう。本人は気が付かなかったが、精神的なストレスが大分たまっていたのであろう。

症状が大分酷くなってきたので、病院へ行ったら、即入院になった。

脱水症状を呈していたらしく、入院したらすぐ点滴を受けた。十日間ぐらいは病院で出された薬をみんな飲んでいたが、身体がすごくだるくなり、何か考えるのもおっくうになったので、なるべく薬は飲まないようにした。三分の二ぐらいは、分からないようにそっと捨てた。約二ヶ月の入院の後、九月末退院した。医者はこんなに早く治るはずはないと思っていて、その後何度も病院で検査を受けるように言われた。

検査の結果は良好で特に変わってはいないと分かって、

「こんなに早く治る人はほとんどいませんよ」と、医者は言っていた。

二ヶ月ほど自宅療養の後、出社できるようになった。それでも、薬が体内に残っていたらしく、薬の副作用はその後数年間続いた。

そんなある日、偶然林に出会った

その時、中村が亡くなられたことを知った。

ブルガリアのプロジェクトが中止になり、帰国していたが、病気が再発して、ちょうど私が退院する前日、亡くなられたとのことであった。

それを聞いたときは、さすがにショックであった。私の退院の前日であったことが、余計響いたのである。

中村がこの世を去り、私は病状が回復し、退院した。なぜだろうという思いは、しばらく尾を引いていた。

空港部では、部長が替わって新しい部長になっていた。仕事は以前みたいなややこしいものではなくて、のんびりできるものであった。

ＨＳＳＴプロジェクトへの復帰

そんなある日、十時整備本部長から突然の呼び出しがあった。組織が違っているので、一体なんだろうと思い、本部長室に入った。

「その後、身体の具合はどうですか？」

「はい、お陰様で何とか。ただ、まだだるさはとれません」

「のんびり直す方がよいですよ」

「そうですね」といった会話の後、

「ところで、今度、ＨＳＳＴのプロジェクトチームを作ることになったのですよ」

「変ですね。開発室があるではないですか？」

「開発室は技術の開発に専念してもらい、この技術の実用化をやるチームを作るのです」

「なんかややこしい話ですね」

「多少、ややこしいかも知れないが、分けたほうがよいと思ってね」

「そうですか。それと何か関係があるのですか？」

「うん、そのチームに君に加わって欲しいのですよ」

「私はＨＳＳＴを止めた人間ですよ。そんな人間が何の役に立つのです？」

「いや、このチームは、林さんをリーダーにする予定で、彼が君に来て欲しいということなんだ」

「今さら何をって感じです。私にはその気はありません」

「そこを何とか」

この時はすでに中村が亡くなったことを知っていたが、中村の話は出さなかった。はっきりした返事はしないで別かれたが、しばらくして辞令がでた。通常の辞令ではなくて、空港部兼務になっていた。

これは、空港部長がなぜＨＳＳＴへ戻すのかとクレームを付けたからであった。彼が病気になったのは、前にやっていた仕事に原因があるのに、また戻すのはおかしい。発令するなら、いつでも空港部に戻れるように、兼務にしてほしいと言われたからのようであった。

こうして、再びＨＳＳＴの仕事をすることになったが、オフィスは元の東京ビルの部屋であった。最初は両部を行ったり来たりしていたが、空港部にはさしたる仕事があまりなかったので、自然、東京ビルが主体になった。

私のことを心配していただいた空港部長に何かお返しをと思い、前に検討していた羽田空港ビル（新ターミナルビル）の建設に関する私なりの意見を論文に纏めて、そっと机の引き出しの中に置いておいた。

部長に手渡す程のことではなく、後任者が見れば分かるはずであった。


この頃一度、運輸省に挨拶に行った。所管が変わっており、大臣官房ではなかった。ここで最初に言われたことは、

「日航はとうとう三億円の補助金を使わなかったね。あれで運輸省は大変迷惑したよ」であった。

「それは失礼しました。私は異動しておりまして存じませんでした」と当たり障りのない話にしたが、できるなら「私のせいではありません。文句は社長か、人事部に言ってください。もしくは後任者に言ってください」と言いたかった。こう言えばその場で喧嘩になったであろう。

もし私がそのままいたら、この三億円の使い道については、何らかの対応はできたとは思うが、仕方のないことであった。

「それから、こんなことを聞くのは何だけど、今リニアモーターカーのことに一番詳し

い人は誰ですか?」

「最近お目にかかったことはないですが、東京大学の正田教授ではないでしょうか」と答えた。

先般の懇談会の時、助教授であった先生は、前の教授が退任になり、教授に昇格されていたのであった。あの時、教授の肩を持ちながら、気の毒そうに私を見ておられたのを思い出したからであった。

筑波万博

私が空港部に配属になった頃、ＨＳＳＴ技術開発室は筑波万博に出展する準備で大分忙しそうであった。

廊下を隔てただけであったが、会社の指示があったのかどうかは分からないが、開発室の人が私と話すのを何となく避けている様子であったので、強いてこちらから話すのは避けた。だから噂で知ったこと以外、詳しいことは知らなかった。

ところが、プロジェクトチーム兼務となり、多少は万博の話が入ってくるようになった。とはいっても、この走行展示に私が口を挟むような筋合いではなかったので、成り行きを見守る程度であった。

四～五百メートルの地上に施設した直線軌道を走行するという計画であった。機体は東急車輌が製作したようであった。搭載する電機装置は住友電工が担当したと聞いた。

この時の車両はモジュールが片側三個計六個付いている準実用型に近い大きさのものであった。

この時は、万博開場前に、昭和天皇が御試乗されたということであった。

このプロジェクトでは、多少問題が発生したらしい。浮上と推進について、計算値と、実績値とが違っていたらしいという話を聞いたことはあったが、具体的なことについては何も聞けなかったし、ここでの走行には、影響はなかったようであったので、これ以上話すのは差し控える。私が全然関与していない出来事だったからである。

バンクーバー博

筑波博で走行展示した機体は、翌年、カナダのバンクーバー博に再度登場した。このことは筑波博の時点で決定されていたことであった。

バンクーバーは、カナダの西の玄関口であり、ここには、スタンレーパークや、大吊り橋のある渓谷、ケーブルカーで登る郊外の山からの夜景など、見所が多い。それにシーフードの美味しい店が幾つもある街である。

ここにあるグラウス・マウンテンは、夜景を見るのに有名なところである。市内の夜景が一望できるところである。

ナパに駐在していた頃、近所の人と一緒にバンクーバーに来たことがあった。そのとき、ケーブルカーでこの山に登ったときのことである。山上のレストランが一杯で、しばらく待ったことがあった。

順番が来て店に入り、注文したオニオングラタンスープがとても美味しかった。この日は大分寒くなっており身体が冷えていたので、少し焦げていてカップからあふれるばかりに入っていたとろけたチーズがとても美味しかったのである。

このようにとろけたチーズがいっぱい入ったスープは、日本のレストランではお目にかかれない。

またバンクーバーは、カナディアン・ロッキーの見事な景観を探勝する足場になる街でもある。カナダの西側から入ると、飛行機でも列車でもここが起点となっている。


アメリカには、ロッキー山脈があり、ここはデンバーから登ることになる。

アメリカのロッキー山脈は、雄大な山並みが連なっている。

山肌が大きなホーンの開口部に似た姿をしているビッグホーンや、ビーバーが川の中に作ったかわいいビーバー・ダムなどが見られる。また、リスや鹿など野生の動物も見ることができる。

この山のツアーに参加したことがあった。車は古ぼけた年代物のジープであった。お客が七、八人乗って出発した。運転者は白い髭を生やした老人であった。

途中、傾斜の大きいところで、エンストを起こした。彼は悠揚迫らず、再発進をしたが、その時、

「この車は、一度も故障したことがない」と言った。

乗っていた人は大笑いをした。

カナディアン・ロッキーは、山と湖の取り合わせが、実に美しい景色を創り出している。その上、雪が多く、森と雪山がマッチしている。さらにこれに湖が加わり、湖の水の色が場所によって青色、紺色、エメラルド色など変化に富んでいる。

もう一つ加えるならば、氷河が見られることである。氷上車で氷河の中に入ることもできる。場所によっては、氷のすぐ下のところが融けていて、水が流れているのを見ることもできる。

ここで思わぬものに出会ったことがある。

車から降りて、辺りの景色を写真に撮っていたら、ほんの二〇~三〇メートルほどのところに、熊が現れたのである。

案内の人が
「騒がないでください。そのうちに熊の方で向こうに行きますから」と言われ、しゃがんでじっとしていたら、しばらくして熊は去っていった。このときはさすがにどきんとした。

バンクーバー博へは、私はビデオ撮影のチームを連れて行っただけで、ここでも実際の運用については関知していない。

この時のビデオ撮影はビデオジャポニカの人たちであった。井田麟太郎がプロジューサーであった。彼はこれまで何年にもわたって、ＨＳＳＴの実績やＰＲ用のビデオを何本も作った人である。

この時は、カナダが作った車輪式リニアモーターカーが会場周辺を走っていた。これもこの博覧会の目玉になっていた新交通システムであった。

ビデオ撮影は、この新交通とＪＡＬのＨＳＳＴを比較しながら撮影するのが目的であった。同じリニアモーターカーとはいっても車輪式と磁気浮上式との違いを記録するためであった。

ＨＳＳＴの広報用のビデオテープは大抵この人がプロデュースしていた。

コンビを組んでいたカメラマンは、顎髭を生やした野性味たっぷりの方で、この方のカメラワークには定評があった。会社として大変お世話になった方である。お二人とも、残念ながらもうこの世にはおられない。

広報用のイラストなどは、ここではなくて、イラストレーターの矢島が大部分作っていた。このような広報の仕事は、今井一夫が担当していた。

中国プロジェクト

プロジェクトチームに入ってからしばらくしてからのことであった。

中国で、リニアモーターカーの話が始まった。まずは現地を見てからとのことで、数人で出かけた。

このプロジェクトを持ち込んだのは、中国の土木工程公司であった。出だしは北京であった。北京から八達嶺までの区間にどうかというのであった。八達嶺とは、万里の長城のことである。世界遺産にもなっている中国が誇る巨大遺跡である。

北京市内からここまで車で出かけたが、途中、特に急峻な地形ではなかったが、谷間の道が多く、直線性はあまり良くなかった。

高速で走ろうとすれば、どうしても直線性が気になる。時速一五〇キロ程度であれば何とかなるが、それ以上であれば、トンネルを掘ることになり、あまり効果的ではなさそうであった。

八達嶺に着いてみると、吃驚するほど巨大な城壁であった。外敵の襲撃を防ぐために作られたものであるが、これだけ大きな壁があれば、容易にこれを登って攻めるのは困難であったろうと思われた。

現在は、その一部が残っているだけであるが、その規模の大きさには驚かされる。ここを訪れるのは何も外国人（日本人を含む）だけではない。

中国の人も多く訪れるそうで、私たちが行った時も数十人の人が訪れていた。

城壁の上は幅広い通路になっていて、昔はここに守備兵がいてここを守っていたのが分かる。

まだ十分体力が回復していなかった私は、この上を歩いているうちに胸が苦しくなってしゃがみ込んでしまった。

みんな心配していたが、案内してくれた工程公司の女の人が、これを口の中に入れてよく噛んだら気分が良くなると言って、自分用に持ってきていた弁当の中からパンみたいなまんじゅうみたいなものを渡してくれた。

言われたとおり、これを口に入れ、ゆっくり噛んでいたら、元通り気分が良くなった。

誰かが「なんだ。腹が空いていたのか」と言った。

そしたら、これを私にくれた人が、私も一度経験したことがあるが、空気の薄いところでこんな風になったら、何かを口に入れてよく噛んでいると空気を無理なく肺に取り入れることができ、元に戻るのですと、説明していた。

とにかく彼女のお陰で、大事にならずに済んだ。この八達嶺は上の方も、山の稜線に従ってアップダウンがきびしく出来上がっているので、元気な人はよいが、そうでない人はあまり急いで歩かない方がよい。

今は改装されているかも知れないが、その当時はここの公衆トイレは、日本と違って、大きい方も、小さい方も、むき出しで便器がずらり並んでいた。隣との仕切のないトイレであった。もちろん男女別にはなっているが、女性は抵抗を感じるであろうと思った。


北京に戻って、近郊にある通信機器・電気機器の製造工場を見せてもらった。特にリレーを作っている部署では、手作業の半田を使った作業なので、歩留まりがあまり良くないなどの説明があったりした。特に難しい作業工程はないので、今は改善されているであろう。


北京から西安へ飛行機で行った。その機中、私の隣に座っていた工程公司の人が本を読んでいた。機中暇であったので、他の本を持っていたら貸して欲しいと頼んだ。

中国語が分かるのかと、不思議そうな顔をしたので、昔漢文を少し囓ったので、細かいことは分からないが、大筋は分かると言い、本を借りて読んだ。

第二次世界大戦後、中国でも文字の改革があり、複雑な文字は、簡単な文字に変わっていた。私には昔の文字の方が判りやすく、新しい漢字は字画は簡単でも、読めないものがあった。読みながら、この字は、昔はこう書いたのかというと、そうだという答えが返ってくることもあったし、違っていることもあった。

機中の時間をこうやって楽しんでいたら、間もなく西安の空港に着いた。

中国の古都、西安は、昔「長安」といい、唐時代の首都であった。私よりも年代の古い人たちには、長安といった方が分かりやすい。

この都市は、今でも昔の名残で、市街地は城壁に囲まれている。さすがに交通上、あるいは拡張があって、壊された部分もあるが、西の方は城壁の門をくぐって外へでることになる。

ここを日本人が好きなのは、遣唐使の時代からなじみの都であるほか、唐時代の歌人、白楽天の長編詩「長恨歌」のせいではないかと思う。

私ぐらいまでの年代の人は、旧制中学では漢文の時間があり、その中では漢詩も教材に入っていた。戦後も漢文の時間は存続していた。

漢文といっても、日本風の訓読みであり中国語とは全然違うのであるが、文章を見る限り同じである。

この長恨歌が有名であるが、その他にも、五言絶句や七言律詩など、日本人の間で、人口に膾炙(かいしゃ)している漢詩はいくつもある。

余りよい例ではないが、中国語の表現の代表として挙げられるのは、「白髪三千丈」であるが、

「少年老いやすく、学成りがたし(少年易老学難成)
一寸の光陰軽んずべからず(一寸光陰軽不可)」

など日本でも格言として使われている言葉がいくつもある。

漢詩は私にとって何か郷愁みたいなものがある。中国で生活したわけでもなく、今回初めての中国訪問であったのだが、若い時代に読んだ漢詩がその源なのであろう。

李白、杜甫などが有名な詩人であるが、白楽天もそれに並んでいる人である。

この『長恨歌』は、岩波新書の『新唐詩選　続編』の方に載っているが、残念なことに今は絶版になっている。

私の手元にあるのは、現代書道界の巨匠であった故柳田泰雲の書いた『長恨歌』を収め

た本である。泰雲先生とはご縁があって、我が家に作品が二点掛かっている。

この本しかなかったので、半分諦めていたのであったが、たまたま妻の叔父北林豊の遺品を整理していて、この『新唐詩選　続編』が見つかった。

この方は生前、税理士であったが、日本古代や、中国に関しても、非常に造詣が深く、中国関係の本が幾冊も蔵書の中にあった。

この本を最初に読んだのは、学生の頃であったから、細かいことまでは覚えていなかったが、読み返すことができて、昔のことが想い出された。

この岩波新書を読み返してみて、長恨歌が日本人だけでなく、中国の人にも昔からずっと愛読されていたことを再確認した。元々、中国の詩であるから当然のことであるが、長い時代にわたって人気のあった詩なのである。


この長恨歌は、世界の三大美女の一人、楊貴妃が漢の玄宗皇帝に見いだされ、二人の蜜月の日々があり、安禄山の反乱に遭って都を逃れ西へ落ちてゆく途中で命を絶たれるという、長編の叙情詩である。

この詩の中では、漢皇となっているが、実際には唐の皇帝であった。だがそう書けなくて、漢皇としたようである。

日本の芝居でもこういうことはよくある。「仮名手本忠臣蔵」でも、幕府に遠慮して名前も時代も替えて書かれている。たとえば、大石内蔵助は大星由良之助という名前になっている。

世界の三大美女とは、エジプトのクレオパトラ、楊貴妃、日本の小野小町であることは、よくご存じと思う。不思議なことに、この三人の美女の晩年は悲しい物語になっている。

この西安の東の方には、秦の始皇帝の広大な墓があり、その近くに兵馬俑(へいばよう)が発掘されている。

私が行った頃は発掘の途中であったが、それでも発掘された数百体の兵馬俑は強烈な印象を与えた。まるで始皇帝に従って冥土を行進しているかの如き強烈な印象なのである。

このうちの何体かは日本でも展示されたことがあるが、発掘された現場で数百体の兵馬俑を見ていると、一種異様な感じを受けた。

殉死の代わりに等身大の人形を作り、皇帝の冥土のお供としたのである。人形が同じではなく、一つ一つが違った人物を模して作られてあるので、余計インパクトが強い。

ここの手前のところ、西安の都から二十数キロのところに華清池がある。

長恨歌の中で「浴を賜う華清の池」と詠まれており、楊貴妃が玄宗皇帝に見いだされた時の描写である。二人はよく、華清の池で遊んだようである。

私たちが訪れた頃は、ちょうどこの楊貴妃が浴を賜った浴槽が発掘された直後であった。案内の工程公司の人が「降りて、浴槽に入っても良いですよ」と言われ、何人かは中に入って喜んでいた。日本の浴槽よりも、大分深かった。

また、ここのそばには池があり、湯気が立っていた。今でもここには温泉の湯が流れ出しているようであった。

長恨歌の中には「温泉水滑らかにして、凝脂を洗う」と、なまめかしい表現になっている。まさに長恨歌の文言を彷彿（ほうふつ）とさせるところがあり、思わず唐の時代にタイムスリップした気分になった。

工程公司の人が私たちをここへ案内したのには訳があった。彼らは西安の都からここまで、リニアモーターカーの路線を考えていたのである。

駅を市内の中央に置き、東の方へ城壁を抜けて、約二七キロほど行くと、華清池へ着く。さらにここから約三キロほどのところに兵馬俑がある。

距離的には、実現性の高い区間であった。

軌道はどうやって造るのかと訊ねたら、人海戦術だといった。高架にしないで、普通の鉄道のように土盛りをして作るというのである。高速で走るので、周辺の安全性とか軌道を横切る道路があると踏切は作れないと言うと、それはそれなりに対応するという話であった。

何しろそのころの中国は、人件費がきわめて安く、労働力も豊富であり、白髪三千丈的ではないことはよく分かった。

この後、カンヨウにある車輌製造工場を視察した。ここでは多くの車両が製造されていた。

翌日は西安の城門をくぐって西の方へ向かった。

紅旗を立てた車なので、パトカー並の運転で、道行く人たちも誰も遮る人はいなかった。

この日の目的は、車で三～四時間のところにある製鉄工場の視察であった。

一時間ほど走ったところで、一時停車となった。何でだと思ったら、ここに楊貴妃の墓があるので、興味があれば立ち寄ると言われた。もちろん私たちは立ち寄ることにした。

道の脇に一郭を囲ってあり、その中に貴妃の墓があった。こんもりと半球状に盛られた墓であったが、奇異なことに墓は金網で覆われていた。

私は金網が気になったので、案内した方へ訊ねた。

「どうして墓を金網で覆っているのですか？」

「ああ、あれですか。あれはここを訪れた女の人が墓の土を剥いで持ち帰るからですよ」

「いったい、何でそんなことをするのですか？」

「持ち帰って、自分の顔に塗るのですよ」

「？」

「楊貴妃のように美しくなりたいと思って、顔に塗るのですよ」

絶世の美女にあやかって、墓の泥を持ち帰り、美人になりたいという願いが込められているのである。女心は洋の東西を問わず同じであると思った。

ちょっと閉口したのは、見物客が来るといつまでも哀調を帯びた音楽と唄が流れることであった。

都から逃れた貴妃は、ここで玄宗皇帝の部下に殺されたのである。
この時のことを、白楽天はこう歌っている。
「天にありては願わくは作らん比翼の鳥
地にありては願わくは為らん連理の枝」
死に臨んで、玄宗皇帝との愛を歌ったものである。

愛し合う二人を一緒に葬った墓を比翼塚というがこれはここから来ているのであろう。

ここを過ぎて、しばらく行くと川の畔に出た。深くえぐられ、下の方に流れが見えた。黄河の上流であった。両脇の土は細かい黄土が積層になっているのである。早春になると、日本には黄土が偏西風によりやってきて降り積もる。この源に近いところにやって来たのである。

このあたりまで来ると、さすがに黄河の川幅も普通の川幅に近く、そう広くはなくなる。さらに車は進み、製鉄会社のある街へ着いた。今私は残念ながら街の名前を覚えていないが、大きな製鉄会社であった。

彼らが私たちをここへ案内した訳は、リニアモーターカーの軌道に使う鉄レールを、この工場でロール出しで製造できないか、その判断をして欲しいというのであった。この判断は三尋木が行った。HSSTのレールは、普通のレールと異なり、非対称の独特の形状なので、ロールアウトした後、冷却時に歪みが起きる。この補正が少し大変であるが、そのあたりは作ると決まってから考えればよいと言っていた。

ロール出しというのは、溶鉱炉からでてきたどろどろの鉄を幾つもの型を通して、すこしずつ整形してゆく手法である。

このロール出しの型は製鉄会社の中で極秘扱いになっている。各社それぞれ独特の手法があるようである。

工場の規模からいって、それは可能であろうと彼は判断したようであった。三尋木の大筋良好との判断を聞いて、工場の人はほっとした様子であった。

ここから西安へ戻る道は、往路とは違って、ゆったりとした田園風景がどこまでも続く道であった。

途中小休止した時、右側にこんもりとした集落があった。左側は辺り一面青々とした畑であり、区分を示すように列をなした樹木が植えられていた。広大な土地なので、このような樹木でもないと土地の区分ができないのではないかと思った。

私はこの左側の風景が気に入った。写真にはならないが、いかにも中国らしい広々とした風景だったのである。

右側の集落は、ひなびた家が数軒建ち並んでいて、何人かの人も見えていた。そちらの方が気に入ったのか、三尋木がカメラを構えていた。

一休みが終わり、出発した車の中で、三尋木が、

「あの集落の写真を撮ろうとしたら、止めてくれというような身振りをしたので、写真は撮らなかった。よい写真になると思ったのに」と残念そうに言った。

それで私は言った。

「三尋木さんの気持ちは分かりますが、以前、こんな話を聞いたことがあるのですよ。あるひなびたところの写真を撮ろうとしたら、やはり、住んでいる人が怒って写真を撮らせなかった。訳を聞くと、こんな貧しい生活をしているところを、写真に撮られたくないと言ったと言うんです。写真を撮ろうとした人は、ひなびた風景が題材になると思い、貧しさを撮る気はさらさら無くても、相手の人はそうは思っていなかったことが分かったそうですよ。きっと、紅旗を立てた車からスーツを着た人が降り立ってカメラを向けたら、向こうの人はこんな姿や家を写真に撮られたくないと思ったのでしょう。三尋木さんは、貧しさを撮ろうとは思っていなかったでしょうが、相手はそう取っていたのですよ。だから私は右の方はじろじろ見ないようにしていたのです」と言った。

三尋木は素直な方だから、すぐに了解して、不満は収まった。

私たちの車に工程公司の上層部に人が同乗していたのであるが、これまでこの方は日本語を一言も喋らなかったので、日本語を知らない人だと思っていたが、私たちの話を興味

深げに聞いている風に見えたので、私ははっとした。この人は日本語が分かるのである。分からない振りをして、私たちの話をそれまで聞いていたのであった。

こんなことがなければ、気が付かなかったのであるが、ここで気が付いたのであった。後で、この話をして、なるべく日本語での内輪話は注意しようということになった。この後、西安での会議の時には注意して話すことにしたのであった。


中国は熱烈歓迎の国であることは承知していたが、その名に値する食事の皿の数は多かった。昼でも二十品以上、夜は三十品以上の料理が、食卓を飾った。食べきれなくて、箸もつけない料理がいく皿もあった。どの料理も美味しく頂いた。

しかし、夕食時の乾杯には閉口した。中国の人は酒に強い方が多い。一卓十人ぐらいで囲むと、一人づつ立ち上がって乾杯と杯を上げる。同じ卓の人はそれに唱和して乾杯という、杯を干すことになる。少なくとも十回はこれがある。一回りすると、好きな人はまた乾杯を始めるのである。

酒の種類は好みに応じて、老酒でも、紹興酒でも、ワインでも、ビールでも何でもよいが、これだけ飲むとすぐ酔ってしまう。普段でも沢山は飲めないたちなので、途中で代わりに大佐古晃に飲んでもらっていたら、今度は彼が酔ってしまった。これ以上は危ないので、部屋に帰ってもらった。

調査の結果はおおむね良かったので、彼らは気を良くしていたのか、宴会は盛り上がっていた。

この後、中国の調査はもう一回実施された。そしてどういう契約にするかというところで、暗礁に乗り上げた。中国側は、プロジェクトの対価を、円とかドルではなくて、鉄鉱石など、物資で支払えないかということになったようである。そのころ、中国は外貨の保有高が多くなくて、外貨の国外流出を規制していたからである。

プロジェクトとして、西安―華清地のラインは実現性の高いものであったので、大変残念であった。


西安のプロジェクトが不調に終わった後も、中国側は密かにリニアモーターカーの研究を始めたらしく、リニアモーターのメーカーに、モーター製作の引き合いがあったという話を聞いたことがあった。

中国としてはその頃からリニアモーターカーに大きな興味を抱いていたことになる。

さいたま博

一九八八年三月一九日〜五月二九日の間、埼玉県熊谷市でさいたま博が開催された。この博覧会は、当時、県が浦和市や大宮市のある県南部に比して熊谷市などのある県北部の活動が今ひとつだったので、活性化を図るため企画したものであった。今は浦和市と大宮市が合併してさいたま市となっている。

七十二日間という短い開催期間であったが、会場を訪れた人は二百五十万人に達し、当初の予定二百万人を上回る盛況であった。

この、より多くの人を呼んだ原動力の一つは、夢の乗り物ＨＳＳＴが走るということにあったのは、衆目の一致するところであった。

この時は新交通システムが目玉であって、ＨＳＳＴ以外にもいくつか他のシステムも出展していた。

この博覧会では、私たちは実用化のための必要条件である高架構造で、Ｓ字カーブの軌道を造った。東扇島では、運輸省の委託調査で、軌道の一部を曲線部分の軌道に作り替えたが、ここでは最初から、高架のＳ字カーブでの走行を実現したのであった。
そして、車両は都市内交通用の大きさであった。会場の敷地の関係から、長い軌道ではなかったが、この構成は充分実用化が可能であることを示すことができた。
運輸省もこの構成には注目していて、何度も現場を見に来られた。
高架構造で一般人を乗せるとあっては、運輸省としても放ってはおけなかったようであった。運輸省の方々を会場に案内した際、車の運転をしていたのは加藤であった。ちょうど良い機会だと思い、
「このリニアモーターを作ったのは彼です。ＪＡＬ系列会社の空港動力の人を使って自前のリニアモーターを作ったのです。設計は中村ですがね。電気会社ではこのようなモーターは作れないのです」と話したら興味深そうに聞いてくれた。
色々説明し、試乗してもらい、一般人を乗せることに同意してもらった。
二ヶ月という短い期間ではあったが、
この間の走行回数三、七八一回
乗客総数二四三、七九〇人
延べ走行距離二、〇六八キロメートル
であった。

この時の車両は一両で、搭乗可能人員は六八名、一日の運行回数は五四便であった。時には三時間近く待つ長い行列ができたほどであった。この時の面白い光景は、ＨＳＳＴの軌道の桁下で休む人たちが多くいたことであった。

電車の高架下では、地響きや振動、そして、ゴーという音が大きくて、とてもその下に長くいることはできないが、ＨＳＳＴの場合は無振動で音も大きくないので、写真で分かるように、皆さんが安心して休息したり食事をしたりしておられたのであった。

ちょうどこの頃、アメリカ・ラスベガスのプロジェクトが始まり、ネバダ州クラーク郡の議員全員と郡の行政に拘わる要職者たちが二陣に分かれて来日し、さいたま博でＨＳＳＴに試乗、その静かな走りと乗り心地に感銘して帰国した。

この時は建設資金を捻出するために、ヤマザキパンをスポンサーにした。この時すでに日本航空から離れて、（株）エイチ・エス・エス・ティ社になっており、資金調達には苦労していた。

車体に「ＹＡＭＡＺＡＫＩ」のロゴがついているのはそのためである。

会期中、一度の事故もなく、無事終了できた。

ラスベガス

砂漠のど真ん中にあるこの街は、ギャンブルや、ショーの街として有名である。カジノを持ったホテルが林立しており、夜になると、ホテルのイルミネーションがとても美しい。どのホテルも競ってきれいなイルミネーションを飾り付けているのである。どのホテルも、スロットルマシンやルーレットなどが置いてあるカジノの中を通らないと、ホテルのチェックインができないようになっている。ホテルだけでなく、空港のターミナルビルにも、スロットルマシンが置いてある。

この街の周辺には、観光地がいくつもある。一番近いところにあるのは、フーバーダムであって、ダムの下流のところは渓流になっている。

ここに観光用のボートがあり、これに乗って渓流下りが楽しめる。砂漠の中にあっても、ここはひんやりとしている。

また、ラスベガスから東北の方へ数時間車で走ると、ブライスキャニオン・ザイオン国立公園がある。最初に現れるのがザイオンである。ここは緑に囲まれて、美しいところである。

ここの特色はなんといっても岩山である。横縞模様になった茶褐色の山肌や、その上に真白い色の岩が被さっていてまるで雪をかぶったように見える山、大きく弧を描いている山など、変わった山が多い。

ここから約九〇マイルほど行くと、浸食作用で山が一種独特なギザギザの山容になっているブライスキャニオンがある。

ラスベガスの西の方約一〇〇マイルほどのところには、デスバレー・ナショナル・モニュメントがある。

ガイドブックには、訪れる人に死の影を感じさせる光景と案内しているが、酷暑の砂漠の中にいると誰しもそう思うのであろう。

私はここに行ったことはないが、サンフランシスコからヨセミテ国立公園へ車で行く途中、何時間も、砂漠の中を走ることになる。砂漠といっても、ここは砂だけではなく、岩石がごろごろしているのであるが、夏の暑い盛りに走っていると、逃げ水といわれる蜃気楼が現れることがある。そして、遥か向こうの方に山が霞んで見える。

そこへ向かって一直線に道路が延びていて、先の方は霞んで見えなくなっている。このようなところを走っていると、つくづくアメリカは広い国だと実感する。

さて、ラスベガスの市街であるが、この街は大きく分けて、最初に開けたオールドタウンにあるホテル群と、その南の方数マイルのところにあるストリップと呼ばれる大通りを挟んでその両脇に立ち並ぶホテル群である。最近はさらにその南の方に、より大きなホテルがどんどん出現している。

このオールドタウンに、アメリカ大陸を東から西へ横断している鉄道アムトラックの駅がある。この駅と一緒になっているのが、ステーションホテルである。

このステーションホテルから、ストリップにある大きなホテルの間に、リニアモーターカーを走らせようという話であった。

この話を持ってきたのは、もちろん林であった。こういうプロジェクトになりそうなところを見つけるのは上手な人である。

双方のホテルのオーナーとの話もつき、アムトラックの軌道敷きを利用して、リニアモーターカーの高架軌道を造る話も了解を得て、実地測量、建設設計なども着々と進行していった。可能性の非常に高いプロジェクトだったので、現地事務所を開設して、その準備にかかった。

地質調査、軌道の線形、軌道構造の設計、電気関係などは日本のコンサルタント東洋エンジニアリングが担当し、詳細設計については、地元のコンサルタントに依頼した。

私もしばらく滞在して、ＨＳＳＴの特徴その他の指導をした。こういう時は数週間にわたることが多いので、カジノのあるホテルでは具合が悪い。ホテル内が騒々しくて仕事にならないので、コンドミニアムに部屋を借りることになる。こんな時は一ヶ月この街にいても、ギャンブルとは縁のない普通の生活である。

そして、公共交通機関として、ＨＳＳＴを設置するための認可を申請した。

これに伴い、市は公聴会を開催した。

公聴会の日が来て、第一日に秋山晋一郎が、ここにリニアモーターカーを設置することの趣旨を説明した。

またこの日のために、特にお願いして東京大学正田教授に来てもらい、日航のものはプルーブン・テクノロジー（正式に認められた技術）にきわめて近いものであることを話してもらった。

公聴会では、反対意見が色々出されるが、その一つは、ＨＳＳＴが進出する二年ほど前に、西ドイツの磁気浮上システムが、軌道を建設の途中で何らかの理由で中断したままになっていた。このシステムを導入しようとしたグループから、HSSTに批判的な質問があった。もう一つは、HSSTの駅を予定していたホテルの隣のホテルから、反対の声が挙がった。

この公聴会で市側が用意した通訳は、あまりよい通訳ではなかった。最初に話をした東京大学の正田教授が、「彼はちゃんとした通訳ではありませんよ。あまりひどいから、途中から、彼に頼まず、私は自分で話しました。あなたも注意した方がよいですよ」忠告を受けた。

秋山の時も、そばで聞いていると、時々彼の通訳は違って受け取れた。

私はなるべくゆっくりと話をするようにした。しかし彼は言っていることを、きちんと理解していないようであった。

それに、相手側の質問の内容も、あまり理解できずに、何度も聞き返していた。それに対する私の答えを、翻訳するときも間違った翻訳になることがあった。二度三度言い直させたこともあった。私は英語がそんなにうまくないが、そんな私に注意されるぐらいのひどい通訳であった。

とうとう、私は「この人、何を言っているのだろう。なんか分からないな」とひとりごとをつぶやいた。

そのときこの通訳は何を思ったのか、「彼は何も分からないといった」と、突然喋ったのであった。自分に言われたとは思わなくて、そう言ったのである。私は吃驚して、通訳の顔を見た。それ以上に驚いたのが、私たちの主任弁護士であった。持病を持っていた彼は、心臓発作を起こしてしまった。

それで、公聴会は中止になった。とにかく、通訳の名に値しない人だったのであった。

翌年、公聴会が再開された。前回に懲りたので、今回は秋山が市側の通訳を断り、日本から、サイマルという会社の人を雇った。男女二人の通訳に来てもらったのである。男の方の通訳は、もちろんちゃんとした方で、言われたことはきちんと通訳していた。もう一人の女の人は、すばらしい才能の持ち主であった。先方の質問の意味を的確に捉えて、日本語に直すだけでなく、私が言ったことを英語に翻訳するとき、実に見事な話し方をする人であった。瞬時に話の内容を自分で理解して、私の説明を補足するような、流ちょうな通訳だったのである。

本当にすばらしい通訳だと感心したのは、私だけではなかった。同席していたアメリカ人が、「自分が話すことも、この人に話し直してもらったら（つまり、英語を英語に）、私が話すよりも、もっと立派な話になる」と感嘆したほどであった。

こういう人を選んでくれた秋山に感謝した。

この公聴会で、大きな問題が二つあった。

一つはストリップ通り側の駅の位置であった。駅の位置をすこしずらせないかというのである。これについては秋山が「ネゴシアブル（この時は後で相談できるという意味合いであった）」と答えた。

もう一つは、単線運転では本当の意味で公共交通とは言えない。将来、路線を延長しても、この計画ではうまくいかないのではないか、という質問であった。この時は前回と違って、アムトラックの用地を使えなくなっていたので、道路脇や中央分離帯を使用する計画に変わっていた。この変更は、アムトラック側から、もし列車が脱線して軌道を壊すことがあっても、アムトラック側は補償しないと言いだしたからである。

この頃、時々アムトラックは各地で脱線事故を起こしていたのであった。この分を、HSST側で保険をかけるとかなりの額になり、結局道路使用に切り替えたのであった。そのため、複線にするには問題の箇所もあり、導入当初は単線計画としたのであった。

反対派は、この計画では将来の路線延長は、単線を複線にする余裕がないので、公共交通機関として延長は不可能と判断し、こう言いだしたのであった。

この問題はその場ですぐ返事できない問題だったので、翌日回答することにした。

この日の公聴会が終わって、みんなでこの問題をどう解決するかを相談した。

ふと私は、8の字にすることを思いついた。こうして置いて、交差する部分に、スイッチング（分岐）を作ればよいと考えたのであった。

この案にみんな賛成してくれたが、この時、大佐古が一つの提案をした。スイッチングのところを上下に交差するようにしてはどうかというのである。比較的急な勾配部ができるが、この方が、スイッチングの操作をしないで済むので、システムとしては故障が少ない。勾配部の通過は、東扇島で実験しており、問題はなかった。

この案を持って、翌日の公聴会に臨んだ。

前日の検討案を示し、このようにすれば、いくらでも路線の拡張は可能であると説明した。誰かが「パーフェクト」と言ったのが聞こえた。

この公聴会では、この他にもいろんな質問が出たが、幸いにしてすべてクリヤーできて、公聴会は終了した。

そして公聴会に対する市側の見解が示された。それはいくつかの条件が付いたが、「ゴー」の答えとなったのであった。本当に良かったと思った。

この時の条件のうち、一番大きなものは、建設資金の問題であった。一定期間内に、資金の拠出を保証するという銀行などの保証書を市に示すことであった。

このプロジェクトを立ち上げるに当たって、各銀行他の出資予定会社の内諾は得ていたはずであった。

ところが、ラスベガス市の建設許可が出たとき、日本で林が各社に再確認を取ったところ、十分な資金確保ができなかったようであった。

詳しい内容は聞かせてもらえなかったが、どうもその原因は日航内部で意外な人が反対した由で、ブレーキがかかったらしいのであった。

そして、ラスベガス市が指定した期日までに資金調達はできず、このプロジェクトは中止のやむなきに至ったのであった。

「みなとみらい21」横浜博覧会

当時、横浜市にあるＪＲ桜木町駅の海側の方に埋め立て地ができていた。ここは市が将来大きな街を作る目的で、埋め立てたのである。

ここに超近代的な街を作ろうという計画であった。

テーマを「みなとみらい21」としてあった。

今はすっかりこの街は出来上がって、人気のスポットになっている。

横浜市は、この「みなとみらい21」の前触れとして、ここで博覧会を企画したのであった。

この年、横浜市は、市政一〇〇周年、開港一三〇周年を迎え、記念事業のメーン・イベントとして、博覧会が一九九一年三月から九月にかけて一九一日間、開催された。

このイベントのテーマの一つに、「宇宙と子供たち」をテーマに、来たるべき二十一世紀の望ましい姿を希求するというのがあった。

横浜博では、目標としていた一二五〇万人を上回る一三三三万人の入場者を数えた。

ここで、リニアモーターカーの走行展示をやることになった。

浮上式の実用機で営業運転するリニアモーターカーとしては国内初の第一種鉄道事業免許を得た。車両は、時速二〇〇キロの性能を持ち、都市と近郊を結ぶ都市圏交通タイプのHSST―二〇〇型を導入した。

駅舎は、横浜博覧会交通委員会の指導などがあって、帆船、波、カモメの飛翔をイメージしたデザインに造り上げられた。

会場では、美術館駅と、シーサイドパーク駅の間を、フェスティバル通りに沿って運行した。

会期中の輸送実績は、一二六万一五二二人であった。

この美術館駅は、文字通り、美術館のそばにあった。

美術館は世界的に有名な建築家・丹下健三の設計によるもので、施工は竹中工務店であった。

駅舎の建設時、すでに完成していた美術館を案内してもらったが、イタリア産の色とりどりの美しい大理石をふんだんに使った美しい建物であった。内部のデザインも凝ってい

建設関係の人達

て、王宮の一室にも見える部屋もあった。

イベント開催中は、たしか、米国の近代絵画を中心とした展示になっていたと記憶する。


この頃は、もうすでにこのプロジェクト・チームは日本航空から離れて、「エイチ・エス・エス・ティー」という会社になっており、日本航空からの出向者が主体であったが、この会社で採用した職員も十人ちかくいた。

この横浜博会場は、川崎市の東扇島ほどではなかったが、埋め立てて間がなかったので、年間の沈下量は、場所によっては、一メートルを超すところがあった。もちろん不等沈下もあった。

ここに施設予定の軌道は、高架構造であったが、基礎に杭を打ってはならないという条件であった。

もし杭を打つなら、会期終了後、現状復帰のため、引き抜くことになるのであった。支持基盤まで杭を打つとすれば、二十~三十メートルは必要であり、これだけ長い杭を後で引き抜くことは非常に困難であった。

この基礎に関して、間組が杭工法を提案し、竹中工務店が平板基礎工法を提案した。前に述べたように、杭工法は撤去時に問題が多く、検討の結果、無理と判断した。残るは平板基礎工法であった。この工法は東扇島で一応経験している工法であった。

しかしここで考えていたのは、高速実用車二両連結であり、それに耐える軌道であった。つまりシステムの全部が、単に展覧会用ではなくて、通常交通用の構成となるのである。この時は運輸省の方でも、さいたま博の実績をふまえ、所定の手続きと、検査に合格すれば、正式の交通機関として認めてもよいとの話が来ていた。さいたま博への出展は無駄ではなかったのであった。

軌道の工事が半分ほど進んだ時のことであった。突然建設省から現場を見たいという連絡があった。これまでも何度か建設省には足を運んでおり、東京都の新交通システムなどについて、HSST参入の可能性などを打診していたので、やっと建設省も乗り出していただけるかと、期待しながら軌道建設現場を案内した。

その時の話である。突然課長補佐の方が、

「この建設を、なぜ、建設省に連絡しなかったのか」と言われた。

「どうしてですか？」

「今は埋め立て地で周りに何もないから、君たちは鉄道法による路線と考えているようだが」

「ええ、そうですが、それではいけないのでしょうか？」

「よくないよ。ここは将来道路になるはずだ。道路に路線を敷くのは軌道法によることになっているのを、知っているだろう」

「はい、それは知っています」

「だったらなぜ、建設省に声をかけなかったの」

「それは分かりますが、ここは博覧会の期間内の限定免許であり、博覧会が終われば、軌道は撤去することになっています。その後、道路が建設されることになっていますから、道路以前の話と考えていました。道路ができる前に、この軌道は撤去されています。ですから鉄道法に基づいた申請をしました。運輸省でも、このことに関しては建設省の話は出ませんでした」

「それは間違っている。将来道路ができることになっていれば、建設省が絡んでもおかしくないのだ」

と非常に不満を漏らされた。

これまで幾たびか、建設省に足を運んで、陳情しても、「まだ早い」の一点張りで、何一つ対応していただけなかったのに、どうして急にこんな話になったのか、全然理解できなかった。

会話の中に出てきたように、地上交通機関を管轄するのに、運輸省と、建設省の両省がそれぞれの所管があった。現在は両省が、国土交通省となって、一つの省になったので昔とは違うと思うが、昔はこんなこともあったのである。

これは軌道建設に絡んだ一つの話であった。


この時、車両の製作については、大石明が技術者の長として全般のまとめをしていた。

車両の製作はさいたま博の時と同じく東急車輛（株）に依頼した。

軌道など地上設備に関しては私が受け持つことになっていた。

竹中工務店の平板基礎であるが、同社は建物の基礎として、地震に強い緩衝ゴムを利用した基礎工法の実験を研究所で実施しており、これを応用できると言っていた。研究所を視察して、これなら可能であろうと思った。前に東扇島での経験があったから、工法としては頷けたのであった。

しかし、今回は規模が東扇島とは全く違うのである。支柱に乗せる桁の大きさも違えば、それに乗る車両の重さも全く違うので、一抹の危惧がないでもなかったが、基礎部分の平板を大きくすることで、乗り切れそうであった。

平板とはいっても、一口で言えば、大きな平べったいコンクリートの箱である。この箱が基礎になるのである。そしてその上に支柱が建てられた。支柱と基礎板との間に調整装置が取り付けられた。

この基礎箱の上部には、上蓋が置かれ、調整のため、作業員が出入りできるように工夫されていたが、雨の後などは、入り込んだ雨水をポンプでかい出すのに苦労していた。

ここでの設計は、何もかも高速走行用の実用機を作り、軟弱地盤でも運行できる軌道を造るという本格的なものであったため、万全を期した。

運輸省は期間限定であっても、正式の交通機関として認可できるかどうか、非常に気にしておられた。車両製作についても、大石が何度も説明に行っていたし、軌道の設計についても、関心が深かった。

竹中工務店（実際の設計・施工は竹中土木が担当）は、彼らの設計と、軌道の調整機構について詳しく運輸省に説明して、承認していただいていた。地盤沈下に対する対応策が一番の問題であった。

この路線（正式路線となったので、この言葉を使わせてもらうことにした）は、関東運輸局の所管となった。もちろん本省が全部見ている訳であるが、何もかも正式の路線扱いであった。したがって、軌道が完成し、地上電源装置が取り付けられ、二つの駅が完成したとき、関東運輸局の施設検査が行われた。

施設検査に合格し、車両の型式検定も認定された。

このために、運輸省令第一三号で、鉄道事業法施行規則の一部を改正する省令が出された。

そして、官報（号外五三号）昭和六十三年四月三十日付で、浮上式鉄道に関する事項が公示された。

また同時に、運輸省令第一四号で、鉄道営業法の規定に基づき、特殊鉄道構造規則の一部が改正され、ここにも、浮上式鉄道の項目が追加された。

この二つの省令の中に、浮上式車両の機能の詳細について、また、軌道構造、地上設備の要件が、非常に細かく記述されている。

この改正は、官報四ページに及ぶ詳細な規則になっている。

これによって、浮上式鉄道が認知されたのであった。そしてその第一号がＨＳＳＴとなったのであった。

この時使用した車両や軌道は次のようになっていた。

ＨＳＳＴ五号機

長さ（二両）三六・三メートル

幅三・〇メートル

高さ三・六メートル

重さ（自重／二両）約四〇トン

座席数（二両）一五八席

最高速度（時速）

能力二三〇キロメートル／時

博覧会場内四五キロメートル／時

軌道（博覧会場）

長さ五六八メートル

営業キロ五一五メートル

単線高架（桁下四・五メートル）

期間限定ではあっても、正式の交通機関として、運輸省に認定していただいたのであった。

会期中は運用責任者として駅長が常駐する必要があり、元ＨＳＳＴ関係者やＪＡＬＯＢの方々に応援を求めた。

橘高勇一郎もその一人であった。彼はその後、引き続いてＨＳＳＴの事業に参画することになった。

また、正式の交通機関となると、ＨＳＳＴの運転にも、運輸省が認定した運転士の免許を持った人でないと、運転できない。このため、相模鉄道その他から、ＯＢの方を数人雇うことになった。

会期前に来てもらい、これまでの電車と違う操作に慣れてもらった。

はじめは電車の加速や減速とは大分違っていたので、とまどっていたが、すぐに慣れて、スムーズな加減速の具合が、電車よりもずっと良いという話であった。

これは、ＶＶＶＦインバーター制御で、モーターを動かしているためである。

ブレーキは、電車の場合は、車輪にブレーキシューを当てて止めるが、浮上式の場合は、車輪がないから違うのである。浮上用レールを挟み込むようにブレーキシューを当てるのである。このため、ブレーキが過熱することがない。理由は、常に温度の低いレールとの摩擦でブレーキをかけることになるからである。

また、非常用ブレーキとしては、油圧ブレーキを用いた。また、浮上を止めて、レールの上に車体を置けば、これがブレーキになるのである。

会期中、この非常ブレーキをかけることは、一度もなかった。


なお、正式の交通機関となったので、省令で決められた技術責任者を置くことになった。鉄道主任技術者という名前であった。私は、車両の開発責任者として長年やってきた大石でよいと思っていたが、運輸局は、施設主体の見方をするのか、施設の責任者がよいということになり、私の名前になった。リニアモーターカー第一号の鉄道主任技術者になったのであった。

この免許の交付は、大手町の関東運輸局で行われた。大石と出かけた。

私だけでも良かったのであるが、この日彼を誘ったのは、すこし訳があった。

いよいよ免許証交付の時が来て、私の名前が呼ばれた。

「はい」と私は返事したが、大石にそっと「あなたが受け取ってください」といった。

これにはあなたの名前も入っているのと同じですよ、という意味合いを込めて言ったのである。これまでの彼の苦労を思ったからであった。そして彼が免許証を受け取った。

私もこれまで苦労をしたが、担当業務は違っても、中村亡き後、技術者をまとめてここまで来た功績は大きかったのであった。彼はそれを大事そうに抱えて、会社へ戻ってきた。

関東運輸局の施設検査に合格し、私が鉄道主任技術者に任命されたとき、これまでのことが、一つ浮かんでは消え、また一つ浮かんでは消えと、走馬燈のように、私の中に甦ってきた。

中村のプログラムに沿って、一つ一つの技術が完成していき、そのたびに開発を担当した技術者は喜んでいた。

着実な開発成果が上がっていくのに反比例するように、外圧の高まりはだんだんと強くなっていった。

何度かの開発中止の波が押し寄せてきたこと、その波に呑まれるかのように、中村が亡くなったこと、相変わらずの社内の圧力は強かったが、中村の生命と引き替えのように、運輸省の態度は大きく変わっていった。

そして、筑波博、さいたま博と、より実用型に近い大型機体（車体）が製作され、走行展示に漕ぎつけた。

そして、実用性が充分あることを世の中に実証していき、アピールできたのであった。

そしてとうとう、正式の免許に辿り着いた。

苦しかったことも、嬉しかったことも、その一つ一つが、この日に結びついたこと、この長い年月、たゆまぬ技術者の努力が、この成果をかちとったこと、これらを亡き中村が、大きく包み込んでいるような気がした。


施設検査に合格した後、私は高木相談役のところへ赴いた。この頃、すでに社長を退かれ、相談役になっておられた。

「相談役。運輸省にやっとＨＳＳＴを正式の交通機関として、認めていただきました」

「そうか。良かったな。本当に良かった」と、目をしばたいておられた。

「相談役に随分長い間、支持していただいたお陰です」

「いや、君らが努力したからだよ。ご苦労であったね。これからも頑張りたまえ」と言われた。

相談役も長い年月を振り返っておられた様子であった。


幸いにして、半年間の博覧会の会期中、一つの事故もなく、運行率も九九パーセントを超える良い成績で運行を終えた。

この報告を運輸省に持って行ったとき、担当官はとても嬉しそうであった。

「正直言って、いつ故障が起きるかとはらはらしてましたよ。こんな良い運行率で本当に良かった。省内には、正式認可を与えるには、まだ早いという声もあったんですよ。それを抑えて、認可を与えるには、私たちにもリスクと責任がありますからね。あなた方も嬉しいでしょうが、私たちも鼻が高いですよ」

と、嬉しそうに言ってもらった。

私にしてみれば、このプロジェクトの前半が、あまりにも強い逆風であったから、よくぞここまでたどり着けたものと、感慨ひとしおであった。

ここでの車輌製造および軌道建設のためにも、スポンサーを付けた。今回は三越になっており、東急車輌に大分無理を言って普通車両の製作スケジュールに割り込んで製作してもらった。このため大分迷惑を掛けたことをここにお詫びしておく。五号機の側面には、資金協力して頂いた三越の「ＭＩＴＳＵＫＯＳＨＩ」のロゴが付けられた。

この横浜博ではもう一つ、国際磁気浮上学会が開催された。世界各国からマグレブの研究者が集まり、論文の発表を行った。マグレブというのは、マグネティック・レビテイショ

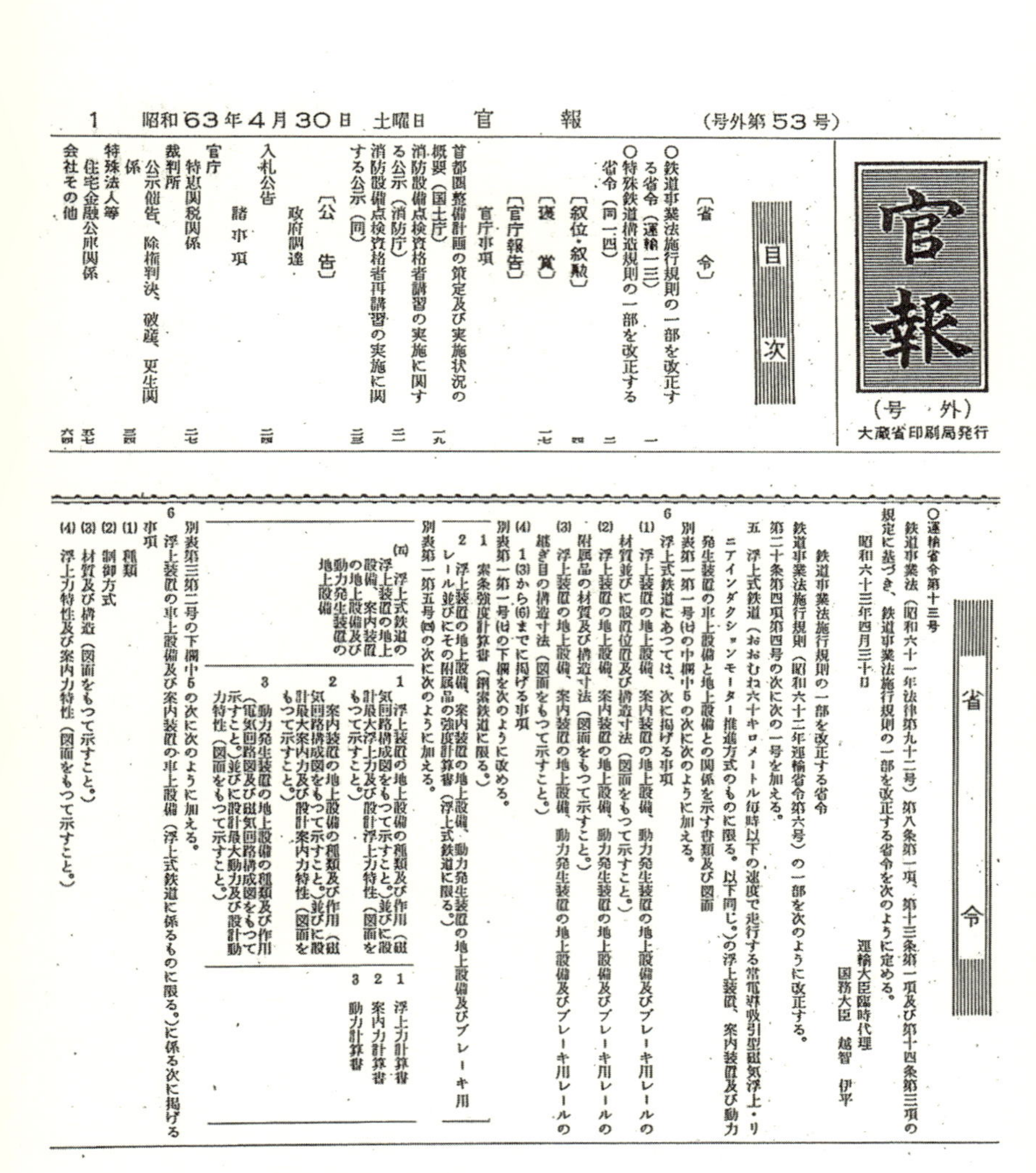
1　昭和63年4月30日　土曜日　官　報　（号外第53号）

官報
（号　外）
大蔵省印刷局発行

目　次

〔省　令〕

○鉄道事業法施行規則の一部を改正する省令（運輸一三）　一
○特殊鉄道構造規則の一部を改正する省令（同一四）　二
〔叙位・叙勲〕　四
〔褒　賞〕　一七
〔官庁報告〕
官庁事項
首都圏整備計画の策定及び実施状況の概要（国土庁）　一九
消防設備点検資格者講習の実施に関する公示（消防庁）　二一
消防設備点検資格者再講習の実施に関する公示（同）　二二
〔公　告〕
政府調達
入札公告
諸事項
官庁
特恵関税関係　二七
裁判所
公示催告、除権判決、破産、更生関係　三四
特殊法人等
住宅金融公庫関係　五七
会社その他　六四

省　令

○運輸省令第十三号
鉄道事業法（昭和六十一年法律第九十二号）第八条第一項、第十三条第一項及び第十四条第三項の規定に基づき、鉄道事業法施行規則の一部を改正する省令を次のように定める。
昭和六十三年四月三十日
運輸大臣臨時代理
国務大臣　越智　伊平

鉄道事業法施行規則の一部を改正する省令

鉄道事業法施行規則（昭和六十二年運輸省令第六号）の一部を次のように改正する。
第二十条第四項第四号の次に次の一号を加える。
五　浮上式鉄道（おおむね六十キロメートル毎時以下の速度で走行する常電導吸引型磁気浮上・リニアインダクションモーター推進方式のものに限る。以下同じ。）の浮上装置、案内装置及び動力発生装置の車上設備と地上設備との関係を示す書類及び図面
別表第一第一号㈡の中欄中5の次に次のように加える。
6　浮上式鉄道にあつては、次に掲げる事項
(1)　浮上装置の地上設備、案内装置の地上設備、動力発生装置の地上設備及びブレーキ用レールの材質並びに設置位置及び構造寸法（図面をもつて示すこと。）
(2)　浮上装置の地上設備、案内装置の地上設備、動力発生装置の地上設備及びブレーキ用レールの附属品の材質及び構造寸法（図面をもつて示すこと。）
(3)　浮上装置の地上設備、案内装置の地上設備、動力発生装置の地上設備及びブレーキ用レールの継ぎ目の構造寸法（図面をもつて示すこと。）
(4)　1(3)から(6)までに掲げる事項
別表第一第一号㈢の下欄を次のように改める。
1　索条強度計算書（鋼索鉄道に限る。）
2　浮上装置の地上設備、案内装置の地上設備、動力発生装置の地上設備及びブレーキ用レール並びにその附属品の強度計算書（浮上式鉄道に限る。）
別表第一第五号㈣の次に次のように加える。

㈤　浮上式鉄道の浮上装置の地上設備、案内装置の地上設備及び動力発生装置の地上設備	1　浮上装置の地上設備の種類及び作用（磁気回路構成図をもつて示すこと。）並びに設計最大浮上力及び設計浮上力特性（図面をもつて示すこと。） 2　案内装置の地上設備の種類及び作用（磁気回路構成図をもつて示すこと。）並びに設計最大案内力及び設計案内力特性（図面をもつて示すこと。） 3　動力発生装置の地上設備の種類及び作用（電気回路図及び磁気回路構成図をもつて示すこと。）並びに設計最大動力及び設計動力特性（図面をもつて示すこと。）	1　浮上力計算書 2　案内力計算書 3　動力計算書

別表第三第二号の下欄中5の次に次のように加える。
6　浮上装置の車上設備及び案内装置の車上設備（浮上式鉄道に係るものに限る。）に係る次に掲げる事項
(1)　種類
(2)　制御方式
(3)　材質及び構造（図面をもつて示すこと。）
(4)　浮上力特性及び案内力特性（図面をもつて示すこと。）

磁気浮上式鉄道の認可に係る省令を掲載した官報

関鉄技一第２８号
関鉄技二第２１号

合　格　書

株式会社エイチ・エス・エス・ティ
代表取締役社長　林　章　殿

平成元年２月６日付けで検査の申請のあった下記の鉄道施設は、鉄道事業法第１０条第２項の規定により、合格とする。

記

１．鉄道線路
　　ＨＳＳＴ　ＹＥＳ’８９線
　　　美術館駅・シーサイドパーク駅間
２．駅
　　美術館駅、シーサイドパーク駅
３．信号保安設備
　　自動列車停止装置

平成元年３月８日

関東運輸局長　近藤憲輔

関　東　運　輸　局

関鉄監第３８号

免　　許　　状

株式会社　エイチ・エス・エス・ティ
代表取締役社長　林　　章　殿

昭和６３年２月１日付けをもって申請のあった第一種鉄道事業については、免許する。

工事施行認可申請期限は、昭和６３年７月２９日までとする。

昭和６３年４月３０日

関東運輸局長　辻　　宏　邦

関　東　運　輸　局

昭和６３年５月１４日

関東運輸局長

近藤　憲輔　　殿

東京都千代田区平河町[illegible]－６－２

株式会社エ[illegible]・エス・テ[illegible]

代表取締役社長　林　[illegible]　章

鉄道主任技術者選任届

鉄道事業法施行規則第７６条の規定に基づき下記の者を鉄道主任技術者として選任し、履歴書を添付してお届けいたします。

記

技術企画部長　　長池（ながいけ）　透（とおる）

以　上

ン（磁気浮上）の略である。

この学会で、正田教授に勧められて、私はＨＳＳＴの開発の歴史や、一般的な技術の特徴について話をすることになった。

国際学会なので、論文は英語であり、最初は話も英語でする予定であったが、壇上の高さで目を資料に合わせると、この頃、目が悪くなっていて、字が読めなくて、急遽日本語に切り替えた。もちろん通訳してもらえたが、先生にはご迷惑をかけた。

この論文の中で、ＨＳＳＴ開発そのものの始まり、横浜市金沢区でＨＳＳＴ初公開があり、川崎市東扇島で数年間の実験が行われ、そして横浜博でプルーブン・テクノロジー（公式に認可された技術）となった。このように、横浜は不思議な縁のあるところであったこと、などについて述べた。

またＨＳＳＴの特徴としては、逆Ｕ字型レールと片側式リニアモーターの採用によりコンパクトなモジュール構造となり快適な乗り心地が得られ、また無公害生や省エネルギー性などについても述べた。

大石は、別のセッションで、技術の細かい点について、論文発表を行った。

横浜博用に製作したＨＳＳＴ五号機二両は、高速用の仕様になっていた。

最初に東京都心と成田空港を結ぶアクセスとして時速三〇〇キロを目指した設計に比べると、一回り小ぶりの設計になっていた。

車体を支えるモジュールの数が、片側四個、計八個で、二個少なく、従って座席数も少なくなっていたが、コンセプトはほとんど三〇〇キロ用に準じていた。搭載されているリニアモーターは二三〇キロのスピードが出せる能力を有していた。

横浜博では、軌道の長さが短かったので、時速四五キロで運行していた。

この低速で走らせるには、流線型のボディーは必要ないのであるが、できればここの会期終了後、どこか軌道を長く取れるところを探して、少なくとも時速二〇〇キロでの走行実験に持って行ければと、考えて製作されたのであった。

だから博覧会場だけのためには、かなり大きくかつ流線型の車両となっていた。

この車両は、博覧会終了後、豊橋市にある鉄鋼会社トピー工業の敷地内に置かせてもらい、次の活躍の場を待っていたのであった。同社には、敷地提供の他、人材派遣などお世話になった。

その間に、ここで分岐装置の耐久試験もあわせて行ったが、各国から多くの視察団が試乗に来訪した。本来は試乗のためだけに置いていたのではなかったが、残念ながら次の活躍の機会が来る前に解体することになった。

この頃、広島県で新空港と広島市とを結ぶ高速アクセスとして検討も大分され、その実現を目指して橘高などが頑張り、その検討も相当のところまで進んだが、五号機を解体する前に結論を出すには至らなかった。

橘高は、この他、顧問として、シンガポール、ブラジルなど、多くのプロジェクトの推進にも協力していた。


この免許取得の道のりは決して容易なものではなかった。特に、全般の開発中止の圧力は相当に大きかった。

しかし、埼玉博以降は運輸省の態度も大きく緩和されてきた。なぜだろうと色々考えてみたが、ある一つのことに思い至った。

「そうか。そういうことも、運輸省の態度の軟化の一つになっていたのか」と、思い至ったのである。

それは私がＨＳＳＴを離れて空港部に在籍していた頃の話である。関西新空港建設計画について、前に述べたように従来とは全く違った発想に基づいて、計画案を示し、これを参考にして運輸省が大蔵省に新空港計画案として説明したら、大蔵省の了承が得られ認可されたのである。

恐らくこのことが、この開発の圧力を和らげたのではないかと考えられるのである。組織上は空港部であったが、別件で運輸省の案件に協力したことになった。

このことがリニアモーターカー開発を側面から応援したことになったようである。関西空港建設案の貸しを返していただいたようであった。

まわりくどいようであるが、ここでも神様のご配慮があったのである。

故高木社長のこと

リニアモーターカーの開発に関しては、社内では社長はじめ反対の人が多かったが、ただ一人、終始一貫して支持していただいた方がいた。それは当時副社長であった高木養根氏で、後に社長になられた方である。

ここで私は、私の知っている故高木社長のことを書きたいのである。

総合開発委員会事務局に在籍していた頃から、随分と長いおつきあいになった方であった。その頃、この委員会の委員長は高木副社長であった。私が知っている副社長は、温厚で、どちらかといえば寡黙な方で、人間的にも優しい方であった。というのが私の印象であった。このように、高木社長はどこかの小説に出てくるようなひどい方では決してなかったのである。

これまで書いてきたように、HSSTプロジェクトは、運輸省の反対と、当時の社長の強い反対意見で、何度も開発中止の瀬戸際に立たされたことがあった。

そんな時、いつでもそっと庇（かば）っていただいたのが副社長だったのである。

ある時は、運輸省から呼び出しがあり、私も随伴したのであるが、ひどい非難を受けておられた。そばで聞いていて理不尽に思えるほどであったが、黙ってその非難を受けておられた。

帰りの車の中では、普段の穏やかな様子に戻られていて、

「さっきのことは何でもないよ。聞かなかったことにしなさい」と、静かに話されたこともあった。私に気を配っていただいたのである。

日航社長就任の時は、ＨＳＳＴプロジェクトをやらないことが条件であったとか色々噂もあった。

日航機が御巣鷹山に墜落事故を起こしたとき、すでに社長になっておられたが、ご遺族の家を一軒一軒訪問して、お詫びをされていた。社長退任後も、この行脚は続けられたと仄聞している。このような社長は他にはおられない。お人柄が忍ばれるのである。

新聞の訃報はこう伝えていた。

『高木養根（たかぎやすもと）氏日本航空相談役・元同社社長、一九九九年一月九日午後七時虚血性心不全のため死去。八五歳、告別式は十二日一時、個人の意志で社葬は行わない。専務、副社長などを経て八一年六月、日航生え抜きとしては初めて社長に就任。

八五年八月のジャンボ機墜落事故当時の社長で、同年十二月の臨時株主総会で、事故の責任をとって退任した』

心から感謝と、ご冥福を祈る次第である。

モスクワ・プロジェクト

横浜博が終わり、車両を豊橋に移した。豊橋にある鉄鋼会社の敷地を借用して、一時保管をお願いしたのであった。横浜博が終了した後も、HSSTに試乗したいという話が、日本だけでなく、海外からも来ていたのであった。ここでは、こういう方々の要望に応じ、何回も試乗会を催した。アメリカ、メキシコ、ソ連など、多くの国から来訪された。

ここではソ連の話を取り上げたい。

こういう試乗会の他に、ここでは、軌道の分岐装置の耐久テストを行っていた。

このテストは、ホノルルのプロジェクトに絡み、コンサルタントから五万回の耐久テストをしてほしいという話があったからである。

一部には難色を示す向きもあったが、ちょうどよい機会だったので、私はこの分岐装置の耐久テストに踏み切った。

これまで、中村が設計した分岐装置の図面はあったが、試作はしていなかった。試作の設計は三尋木が担当した。

こんな時に、ソ連からＨＳＳＴの開発状況を知りたいし、できれば試乗させて欲しいという申し入れがあった。こういう話はたいてい林が直接受けることが多かった。

来訪したソ連の視察団は、日本で言えば副総理格の方が団長で、皆ハイレベルの人たちであった。

会議の最初に、彼らは自分たちが開発している磁気浮上リニアモーター推進のシステムのビデオを見てほしいと言い、持参していたビデオを見せた。

ビデオによると、彼らは西ドイツのクラウスマッファイ社の流れを汲む開発を始めていた。実験規模もそう大きくなくて、私たちが、東扇島で実験していた頃の段階であった。スピードもそんなに出てはいなかった。

この後、私たちの開発状況を説明し、運輸省からすでに正式な交通機関としての承認を得たことを話した。

翌日は、豊橋市に行き、試乗してもらい、分岐装置についても、その操作を見せた。

彼らは横浜博で使用した車両の大きさや内装など、本当に実用車両であることを実感した様子であった。

東京に戻り、今後どのようにソ連における開発を進めていくかについての会議を持った。彼らの構想は、モスクワ市内から、空港までのアクセスとして計画していた。当時としては驚くべきことであったが、このルートの地図も用意してきていた。しかも、この地図を入れてあったのは羊皮紙のカバーであった。大事にして持ってきたのであろう。

中国の場合は、具体的に案内はしてもらったが、地図に関しては、非常に簡単な地図しかなかった。

彼らがいかに真剣にＨＳＳＴを導入しようとしているかが分かったのであった。

私は日本では実現してない空港アクセスが、モスクワでできるかもしれないと思った。モスクワには大分以前に、ヨーロッパに行く途中、給油で着陸したとき、ターミナルビルに立ち寄っただけで、市内は全然知らないが、冬季の寒さは厳しいと思い、どうかと訊ねたら、やはりその寒さは体験してほしいと言った。寒い時の実験は必要とのことであった。

彼らが帰国した後、この視察団を案内した人と、林との契約に関する話し合いがうまくいかなかったようで、残念ながら、この話は保留となった。

それからしばらくして、ソ連はペレストロイカが始まり、政治体制が変わってしまい、この話は自然消滅となった。

横浜博が終わった後も、このようにして、世界各国からＨＳＳＴの視察、試乗が相次いだ。そして分岐装置の耐久テストは五万回を超え、十万回に近い回数まで続行し、いつでも実用化ができるように、準備を整えていたのであった。

ＨＳＳＴ社のその後の推移

愛知万博の話は、大分以前から話題になっていた。これと同時に、中部新空港の話も出ていた（この空港も後に完成して、今では航空機が飛び交っている）。

このようなことを踏まえ、林は愛知県にアプローチしていた。時の県知事にも会い、名古屋でプロジェクトができないかお願いしていた。

知事は積極的な方で、早速、名古屋鉄道株式会社の社長に話され、この社長も、ＨＳＳＴに好意を示された。その結果、エイチ・エス・エス・ティ社と共同で開発することに同意を得た。

まず、名古屋鉄道とエイチ・エス・エス・ティ社との合弁会社・中部エイチ・エス・エス・ティ社を設立し、両者より技術者を派遣することになった。磁気浮上リニアモーターの技術は、エイチ・エス・エス・ティ社が提供し、実験場は名鉄大江線の敷地を利用して、名鉄が建設することになった。

新しい社長には、名鉄の杉山副社長が就任した。

ここで実用化実験をする車両は都市内型と決まった。以前、大佐古と一緒に調査した地下鉄東山線藤ヶ丘駅から愛知万博予定地の長久手までの新線を意識しての選択であった。そして、それに見合う実験線は、同社大江線の一部に建設された。ここには、曲線部、勾配部、分岐装置など、実用化に必要な軌道設備は全部整えられた。

ホノルルのプロジェクトで知り合った米国の交通コンサルタントが来日した際、たっての希望でこのテストサイトに案内したら、彼らは申し分のない実験場であると誉めてくれた。


この後、数年して、私は日本航空を定年退職した。

私の後任には、開発の最初からこのプロジェクトに参加していた高橋道夫がなった。

彼は一時期、日本航空に戻り別の仕事をしていたが、私の停年が近くなったある時、新しくできたエイチ・エス・エス・ティ開発（株）社の総務課長であった山本に彼の復帰ができないか相談した。

はじめは難しいということだったので、私は定年後もしばらく何らかの形で同社に留まることを覚悟していた。その決心をするためにも後任者を誰にするか考え、もう一度確かめてもらった。

すると、彼が戻ってもよいという話になり、彼の復帰が決まった。

彼は、最初は磁気浮上の純技術の方を担当していたが、ある時から技術企画部の仕事をやるようになり、何年間か私と一緒に仕事をしてきたのであった。

彼の他に、大佐古晃が私の仕事をずっと助けてくれていた。彼はラスベガス、ホノルル、中国、メキシコ、ロンドンなど、ほとんどのプロジェクトの計画案を作成してくれた。

この二人がそろったので、後顧の憂いなく定年の日を迎えることができたのであった。


私が定年退職する九ヶ月ほど前、エイチ・エス・エス・ティ社は発展的解消を遂げ、新たにエイチ・エス・エス・ティ開発（株）が発足し、林は身を引き、新会社の社長には日航元専務の平沢秀雄の就任となった。

と同時に、技術企画部、技術部を別にして、総務、営業関係は新しく、日本航空からの出向者に変わった。

新規体制で開発を推進することになったのであった。

日本航空から、（株）エイチ・エス・エス・ティ社への変化、さらに（株）エイチ・エス・エス・ティ社から、エイチ・エス・エス・ティ開発（株）社への移行については、本書の主旨ではないので、ここに概略述べるにとどめることにした。

このエイチ・エス・エス・ティ開発（株）社も今はすでになくなっている。

これまでの開発の実績と、中部エイチ・エス・エス・ティ社での地道な走行実績がものを言って、二〇〇五年の愛知万博にはHSSTの導入が決定し、当時の予定線とは少し違う路線となったが、開幕に先立って営業を開始した。

万博終了後は、一般の交通機関として営業している。

路線は、地下鉄東山線の終点、藤ヶ丘駅から万博会場駅までである。

おわりに

この本は、開発の始まりから横浜博を経て、愛知万博での恒久的実用線ができるまでの歴史を記したものである。

大勢の人たちを乗せて走っている姿を、今はもう亡き中村信二が、どこかで見守っていてくださるであろう。このプロジェクトを立ち上げた林章は最近逝去した。

思えば、長い道のりであった。一九七五年の本邦初のリニアモーターカーの公開実験の成功に始まって、川崎市東扇島の実験場で、時速三〇〇キロの走行に成功し、実験二号機による時速一〇〇キロの有人走行、そしてここでは運輸省の委託実験があった。

この委託実験でもって、ほとんどの基礎実験が終了した。

中村のコンセプトの実用性が見事に実証されたのであった。中村は、この後、しばらくしてから逝去したのであるが、残った技術者たちがその遺志を引き継ぎ、筑波博、さいたま博、そして、それぞれ新しい機種を製作して、走行させた。

横浜博において、一九九一年ついに運輸省から正式に交通機関として認可されたのであった。
この間、実に十六年の歳月が流れた。中村が亡くなってから八年後のことである。中村が十分に活躍できる環境があれば、もっと早い時期に実現できたであろうと思える。

（左から）中村氏、林氏、著者

このように長い期間、逆風の中に耐えて、黙々と研究開発にいそしんだ技術者たち、特に東扇島実験場は、夏は砂漠のような暑さにさらされ、冬は寒風が吹きすさぶ環境であり、冷房も暖房もない劣悪な環境であったが、これに耐えて研究者たちは黙々と開発を続けて来たのであった。

その技術をプロジェクトに結びつけようと努力した人々、波多野蕙、今井一夫、石野道夫など、初期の時代に総務、広報を担当していた人々、新会社になってからの秋山晋一郎、柴田雅行など、会社の運営に苦労した人々がいたことなどが脳裏に浮かんでくるのである。

皆それぞれに、新技術を支え、その実現のために努力してきたのである。

今では、中村をはじめ、三尋木潔、遠藤武一、日笠佳郎、相沢宏などが、この世を去っている。心から冥福を祈る。また、この開発にたずさわった多くの人々の人生の何ページかを、「苦境に打ち勝って我々はやったんだ」と胸を張って語れる時代であったと思っている。

そして社外からの反発も多かったが、その反面、多くの方々、多くの会社の協力も大きかった。

清水建設、竹中工務店（竹中土木）、熊谷組、大成建設、間組、青木建設、住友建設、佐藤工業、日本鋪道の建設九社からの資金、土木技術、および人材援助などの協力があり、レールは東京鉄骨、電気関係は住友電工、日新電機、東洋電機などに協力していただいた。

東扇島実験場については、川崎市港湾局にお世話になった。この用地が借りられなければ走行実験は行えなかった。このときは日本鋼管のトンネル通行を許可していただいた。

コンサルタント会社では、日揮、日本工営、東洋エンジニアリングに、ほとんど無償で協力していただいた。

実験四号機ではヤマザキパンに資金を援助していただき、横浜博では三越に資金援助をいただいた。

車両の製作では、東急車両に、三号機から横浜博用の二両連結車両まで、一般車両の製造に割り込んで製作していただいたし、その他の面でご迷惑をおかけしたが、一貫して協力していただいた。

また、ホノルルや、シンガポールなどのプロジェクトでは、三菱商事の方々にお世話になったし、メキシコでは日商岩井に協力していただいた。

その他、多くの会社の助けがあったことなど、振り返れば振り返るほど、いろんな出来事が想い出されるのである。

このような方々に、心から深く謝辞を述べさせていただく次第である。

この本では技術開発を技術企画部の眼で見て述べてきた。資金面、社内外の折衝、広報活動など、については簡略にとどめたが、各方面にわたって多くの方々の協力があったことに感謝している。

このような方々に対して心から謝辞を述べてこの本の終わりとしたい。

また、運輸省と私どもとの軋轢を緩和しようと心くばりをいただいた自由民主党の先生方にも厚くお礼を申し述べる次第である。

なお、私事ではあるが、『21世紀の新しい物理学「潜象エネルギー多重空間論」』を書くきっかけの一つがこの開発にあったことを付加しておきたい。

なお、本書の出版に当たっては、今日の話題社の武田崇元社長および高橋秀和氏に多大の尽力を頂いたことに厚くお礼を申し上げる。

巻末資料

ＨＳＳＴ　中村信二のコンセプト追加説明

中村はリニアモーターカー両側式は、軌道構造上、問題があるとして、疑問視していた。そして、リニアモーターの発生する推力とともに発生する吸引力の点で、不利ではあるが、片側式リニアモーターの方がより実用的であると判断していた。

クラウスマッファイ社の両側式というのは、軌道側に設置されるリニアモーターの二次側に当たる誘導板（アルミ板）を、車体に取り付けたリニアモーター（一次側コイル）二個で挟み込むような形になっていた。

この方式だと、確かに推進力は、片側式よりも大きく得られるし、何よりも片側式リニアモーターで厄介な吸引力をゼロに抑えることができる。

片側式では、推進力が最大となる近辺で、吸引力も大きくなるのである。

だから吸引力を抑えようとすると、ある程度推進力を犠牲にしなくてはならなくなる。

この点が片側式のデメリットである。

このデメリットを承知の上で、両側式よりも片側式を選んでシステム構成をした中村の発想は独特であった。

これだけだと、一見、両側式リニアモーターの方が有利にみえる。しかし軌道製作上は、構造上の困難さが伴うのである。

それというのも、リニアモーター（一次側）で二次側のリアクションプレートを挟んだとき、その間隔が常に左右均一でなければならない。

アルミ板のリアクションプレートは、そんなに強度的に強いものではないので、しっかり軌道に取り付けていても、撓（たわ）むのである。

私たちがクラウスマッファイ社の実験場で、同社が開発したトランスラピッドの走行状態を視察していた時も、何度か、バーン、バーンという音が聞こえてきたことがあった。これは、両側式リニアモーターの吸引力をゼロに制御することができずに、リアクションプレートが揺れた際に発した音であった。

同社は後にこの方式を断念して、新しいやり方に変更している。

中村は、この欠点をいち早く見抜き、片側式では吸引力が発生して、車体重量が見かけ上大きくなり、その分浮上力を必要とするハンディを承知の上で、この方式を採用したのであった。そして、このリニアモーターの吸引力を軽減するためにカッパーマシンといわれる新しいリニアモーターを設計したのであった。

さらに、モジュール内に電磁石とリニアモーターを組み込むことによって、軌道構造の簡略化を図ることができたのであった。

浮上用の鉄レールの上に、リアクションプレートを張り付けることによって、レールの一体化に成功したのであった。

電磁石の逆U字型レールの採用も、浮上力をある程度犠牲にしても、トータルシステムとしてはL型レールより有利であると判断されたことと一対になった発想がこのようなコンパクトな設計につながったのであった。

このモジュール構造については、日本で特許が成立したのである。これを西ドイツにも同じく申請したが、同国ではモジュラーという名前で似たものがあるといわれ、成立しなかった。中村の話によると、西ドイツで中村のコンセプトを聞いて、似たものを作ったということであり、何度か西ドイツ側に再考を求めたが、残念ながら聞いてもらえなかった。

こういう特許関係の仕事は、熊谷が担当していた。

当時、西ドイツが開発を放棄した逆U字型レールや、推進力として不利な片側式リニアモーターの採用は、それぞれの技術一つずつを見ると、不利な設計になるので、日本国内では磁気浮上関係者から笑われていたが、それにもかかわらず、トータルシステムとして完成させてみると、他の方式の追随を許さないコンセプトになっていたのであった。

この考え方は現在のＨＳＳＴにも、一貫して技術の中枢をなしているのである。

参考資料

常電導磁気浮上方式（日本航空ＨＳＳＴ）

鉄道開発委託調査実施報告書（日本航空株式会社）

「鉄道ピクトリアル」１９７６ＯＣＴ（交通博物館）

横浜博覧会公式記録（横浜市）

電気材料電気学会

『新唐詩選　続編』吉川幸次郎・桑原武夫著（岩波書店）

長池　透（ながいけ・とおる）

1933年宮崎県生まれ。電気通信大学卒業後、日本航空整備株式会社（現日本航空株式会社航空機整備部門）入社。航空機整備業務、整備部門管理業務、運航乗務員養成部門、空港計画部門などを経て、磁気浮上リニアモーターカー開発業務に従事。1993年、定年退職。20数年にわたり、超古代文明、遺跡の調査研究を行い現在に至る。著書に『神々の棲む山』（たま出版）、『十和田湖山幻想』『霊山パワーと皆神山の謎』『超光速の光・霊山パワーの秘密』『21世紀の物理学　潜象エネルギー空間論』『21世紀の物理学②　潜象エネルギー多重空間論』（今日の話題社）がある。日本旅行作家協会会員。

リニアモーターカーへの挑戦

2018年9月5日　　初版第1刷発行

著　　者　長池（ながいけ）　透（とおる）

組版・装幀　HODO（細谷毅）

発 行 者　高橋　秀和
発 行 所　今日（こんにち）の話題社（わだいしゃ）
東京都品川区平塚2-1-16　KKビル5F
TEL 03-3782-5231　FAX 03-3785-0882

印　　刷　平文社
製　　本　難波製本

ISBN978-4-87565-640-1　C0065